新世界少年文库

未来少年

FOR FUTURE YOUTHS

# 玲珑纳米王国

小多（北京）文化传媒有限公司 编著

新世界出版社
NEW WORLD PRESS

图书在版编目（C I P）数据

玲珑纳米王国 / 小多（北京）文化传媒有限公司编著 . -- 北京 : 新世界出版社 , 2022.2
（新世界少年文库 . 未来少年）
ISBN 978-7-5104-7372-2

Ⅰ . ①玲… Ⅱ . ①小… Ⅲ . ①纳米材料 – 少年读物 Ⅳ . ① TB383-49

中国版本图书馆 CIP 数据核字 (2021) 第 236407 号

新世界少年文库 · 未来少年

**玲珑纳米王国** LINGLONG NAMI WANGGUO

小多（北京）文化传媒有限公司　编著

责任编辑：王峻峰
特约编辑：阮　健　刘　路
封面设计：贺玉婷　申永冬
版式设计：申永冬
责任印制：王宝根
出　　版：新世界出版社
网　　址：http://www.nwp.com.cn
社　　址：北京西城区百万庄大街 24 号（100037）
发 行 部：（010）6899 5968（电话）　（010）6899 0635（电话）
总 编 室：（010）6899 5424（电话）　（010）6832 6679（传真）
版 权 部：+8610 6899 6306（电话）　nwpcd@sina.com（电邮）
印　　刷：小森印刷（北京）有限公司
经　　销：新华书店
开　　本：710mm × 1000mm　1/16　尺寸：170mm × 240mm
字　　数：113 千字　印张：6.25
版　　次：2022 年 2 月第 1 版　2022 年 2 月第 1 次印刷
书　　号：ISBN 978-7-5104-7372-2
定　　价：36.00 元

# 编委会

# 阅读优秀的科普著作是愉快且有益的

目前，面向青少年读者的科普图书已经出版得很多了，走进书店，形形色色、印制精良的各类科普图书在形式上带给人们眼花缭乱的感觉。然而，其中有许多在传播的有效性，或者说在被读者接受的程度上并不尽如人意。造成此状况的原因有许多，如选题雷同、缺少新意、宣传推广不力，而最主要的原因在于图书内容：或是过于学术化，或是远离人们的日常生活，或是过于低估了青少年读者的接受能力而显得“幼稚”，或是仅以拼凑的方式“炒冷饭”而缺少原创性，如此等等。

在这样的局面下，这套“新世界少年文库・未来少年”系列丛书的问世，确实带给人耳目一新的感觉。

首先，从选题上看，这套丛书的内容既涉及一些当下的热点主题，也涉及科学前沿进展，还有与日常生活相关的内容。例如，深得青少年喜爱和追捧的恐龙，与科技发展前沿的研究密切相关的太空移民、智能生活、视觉与虚拟世界、纳米，立足于经典话题又结合前沿发展的飞行、对宇宙的认识，与人们的健康密切相关的食物安全，以及结合了多学科内容的运动（涉及生理学、力学和科技装备）、人类往何处去（涉及基因、衰老和人工智能）等主题。这种有点有面的组合性的选题，使得这套丛书可以满足青少年读者的多种兴趣要求。

其次，这套丛书对各不同主题在内容上的叙述形式十分丰富。不同于那些只专注于经典知识或前沿动向的科普读物，以及过于侧重科学技术与社会的关系的科普读物，这套丛书除了对具体知识进行生动介绍之外，还尽可能地引入了与主题相关的科学史的内容，其中有生动的科学家的故事，以及他们曲折探索的历程和对人们认识相关问题的贡献。当然，对科学发展前沿的介绍，以及对未来发展及可能性的展望，是此套丛书的重点内容。与此同时，书中也有对现实中存在的问题的分析，并纠正了一些广泛流传的错误观点，这些内容将对读者日常的行为产生积极影响，带来某些生活方式的改变。在丛书中的几册里，作者还穿插介绍了一些可以让青少年读者自己去动手做的小实验，这种方式可以令读者改变那种只是从理论到理论、从知识到知识的学习习惯，并加深他们对有关问题的理解，也影响到他们对于作为科学之基础的观察和实验的重要性的感受。尤其是，这套丛书既保持了科学的态度，又体现出了某种人文的立场，在必要的部分，也会谈及对科技在过去、当下和未来的应用中带来的或可能带来的负面作用的忧虑，这种对科学技术“双刃剑”效应的伦理思考的涉及，也正是当下许多科普作品所缺少的。

最后，这套丛书的语言非常生动。语言是与青少年读者的阅读感受关系最为密切的。这套丛书的内容在很大程度上是以青少年所喜闻乐见的风格进行讲述的，并结合大量生动的现实事例进行说明，拉近了作者与读者的距离，很有亲和力和可读性。

总之，我认为这套“新世界少年文库・未来少年”系列丛书是当下科普图书中的精品，相信会有众多青少年读者在愉悦的阅读中有所收获。

刘　兵

2021 年 9 月 10 日于清华大学荷清苑

# 序二

## 在未来面前，永远像个少年

当这套“新世界少年文库·未来少年”丛书摆在面前的时候，我又想起许多许多年以前，在一座叫贵池的小城的新华书店里，看到《小灵通漫游未来》这本书时的情景。

那是绚丽的未来假叶永烈老师之手给我写的一封信，也是一个小县城的一年级小学生与未来的第一次碰撞。

彼时的未来早已被后来的一次次未来所覆盖，层层叠加，仿佛一座经历着各个朝代塑形的壮丽古城。如今我们站在这座古老城池的最高台，眺望即将到来的未来，我们的心情还会像年少时那么激动和兴奋吗？内中的百感交集，恐怕三言两语很难说清。但可以确知的是，由于当下科技发展的速度如此飞快，未来将更加难以预测。

科普正好在此时显示出它前所未有的价值。我们可能无法告诉孩子们一个明确的答案，但可以教给他们一种思维的方法；我们可能无法告诉孩子们一个确定的结果，但可以指给他们一些大致的方向……

百年未有之大变局就在眼前，而变幻莫测的科技是大变局中一个重要的推手。人类命运共同体的构建，是一项系统工程，人类知识共同体自然是其中的应有之义。

让人类知识共同体为中国孩子造福，让世界的科普工作者为中国孩子写作，这正是小多传媒的淳朴初心，也是其壮志雄心。从诞生的那一天起，这家独树一帜的科普出版机构就努力去做，而且已经由一本接一本的《少年时》做到了！每本一个主题，紧扣时代、直探前沿；作者来自多国，功底深厚、热爱科普；文章体裁多样，架构合理、干货满满；装帧配图精良，趣味盎然、美感丛生。

这套丛书，便是精选十个前沿科技主题，利用《少年时》所积累的海量素材，结合当前研究和发展状况，用心编撰而成的。既是什锦巧克力，又是鲜榨果汁，可谓丰富又新鲜，质量大有保证。

当初我在和小多传媒的团队讨论选题时，大家都希望能增加科普的宽度和厚度，将系列图书定位为倡导青少年融合性全科素养（含科学思维和人文素养）的大型启蒙丛书，带给读者人类知识领域最活跃的尖端科技发展和新锐人文思想，力求让青少年“阅读一本好书，熟悉一门新知，爱上一种职业，成就一个未来”。

未来的职业竞争几乎可以用“惨烈”来形容，很多工作岗位将被人工智能取代或淘汰。与其满腹焦虑、患得患失，不如保持定力、深植根基。如何才能在竞争中立于不败之地呢？还是必须在全科素养上面下功夫，既习科学之广博，又得人文之深雅——这才是真正的“博雅”、真正的“强基”。

刚刚过去的 2021 年，恰好是杨振宁 99 岁、李政道 95 岁华诞。这两位华裔科学大师同样都是酷爱阅读、文理兼修，科学思维和人文素养比翼齐飞。以李政道先生为例，他自幼酷爱读书，整天手不释卷，连上卫生间都带着书看，有时手纸没带，书却从未忘带。抗日战争时期，他辗转到大西南求学，一路上把衣服丢得精光，但书却一本未丢，反而越来越多。李政道先生晚年在各地演讲时，特别爱引用杜甫《曲江二首》中的名句：“细推物理须行乐，何用浮名绊此身。”因为它精准地描绘了科学家精神的唯美意境。

很多人小学之后就已经不再相信世上有神仙妖怪了，更多的人初中之后就对未来不再那么着迷了。如果说前者的变化是对现实了解的不断深入，那么后者的变化则是一种巨大的遗憾。只有那些在未来之谜面前，摆脱了功利心，以纯粹的好奇，尽情享受博雅之趣和细推之乐的人，才能攀登科学的高峰，看到别人难以领略的风景。他们永远能够保持少年心，任何时候都是他们的少年时。

莫幼群<br>2021 年 12 月 16 日

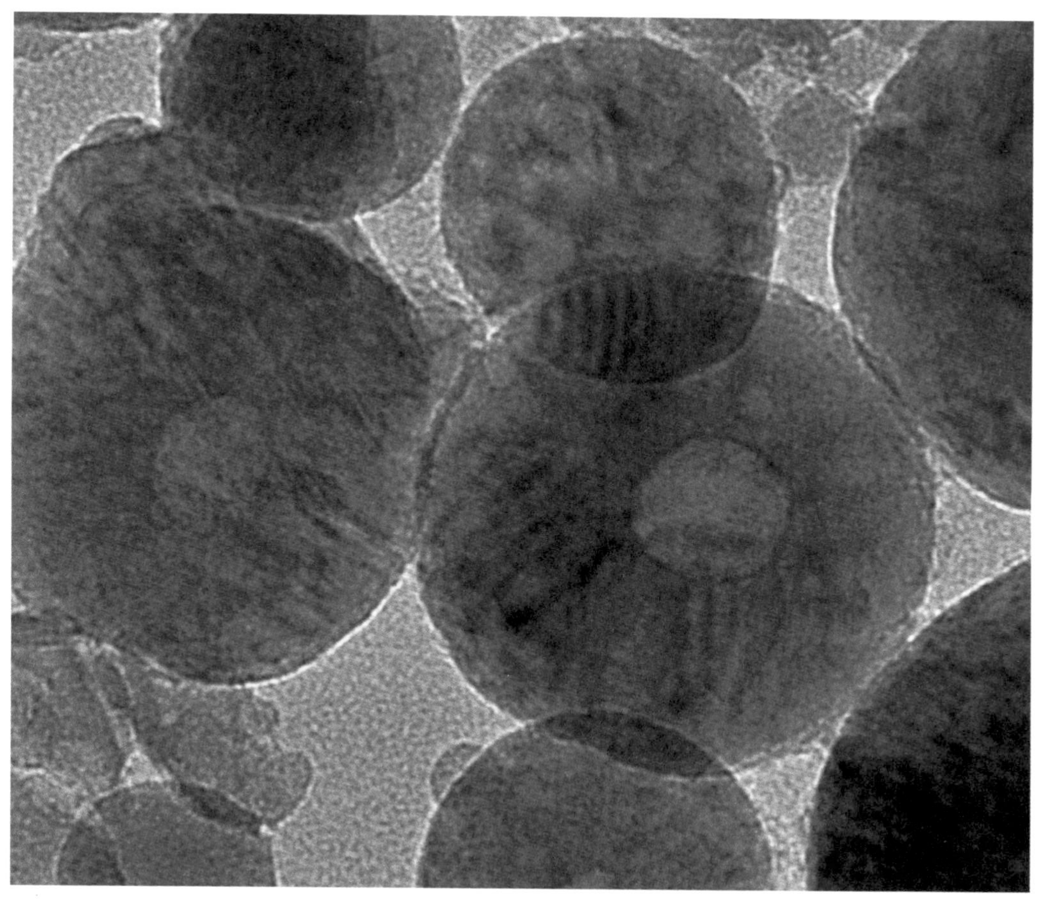

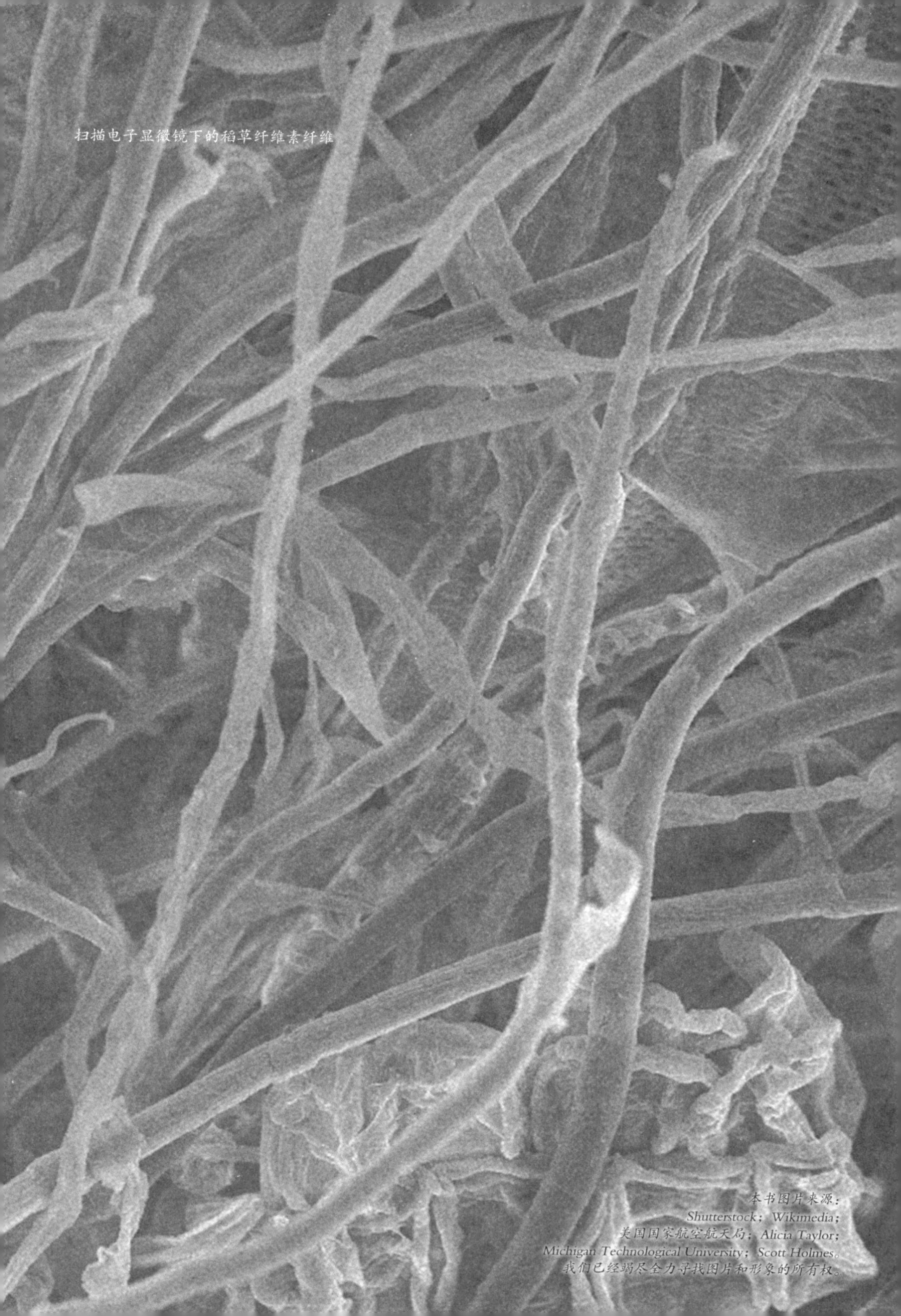

扫描电子显微镜下的稻草纤维素纤维

本书图片来源：
Shutterstock；Wikimedia；
美国国家航空航天局；Alicia Taylor；
Michigan Technological University；Scott Holmes。
我们已经竭尽全力寻找图片和形象的所有权。

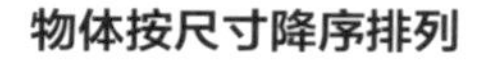


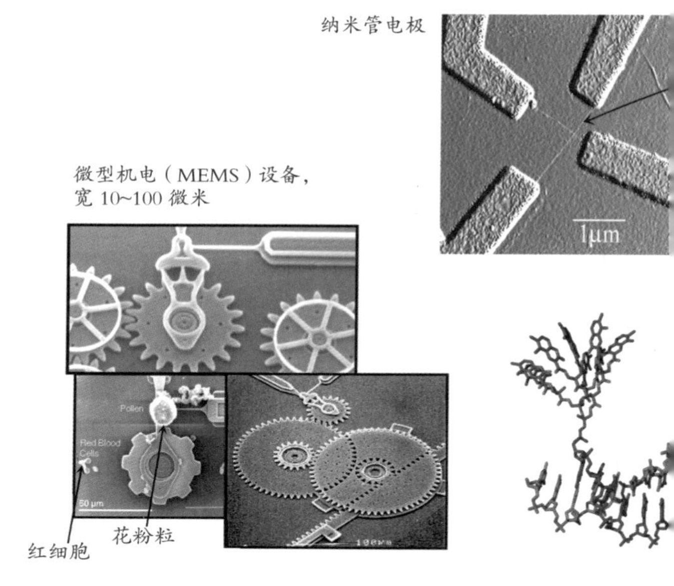

大头针顶端 1~2 毫米

人造物体

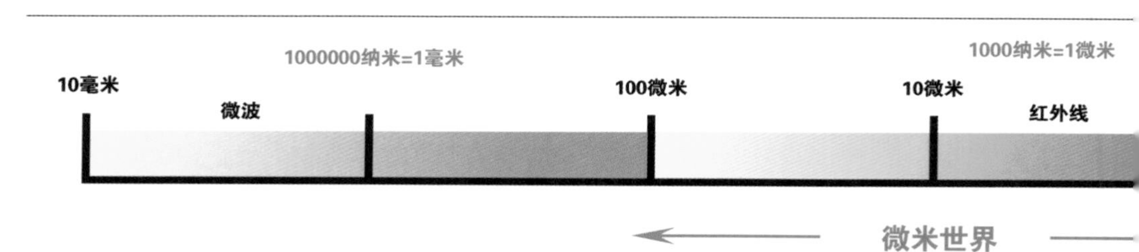


自然界存在的物体

蚂蚁约 5 毫米

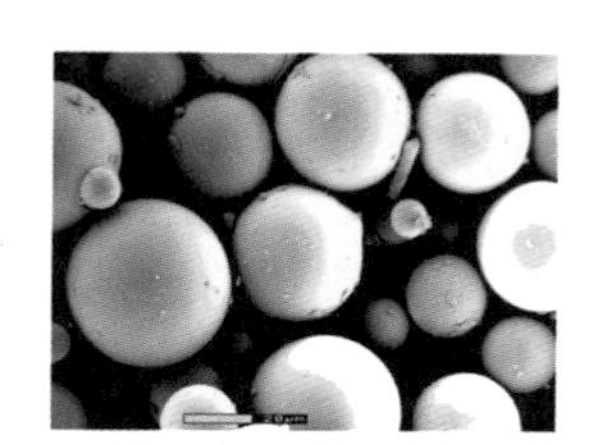

飞灰 10~20 微米

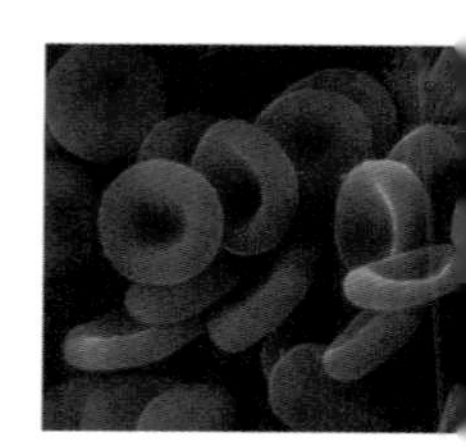

红细胞 7~8 微米

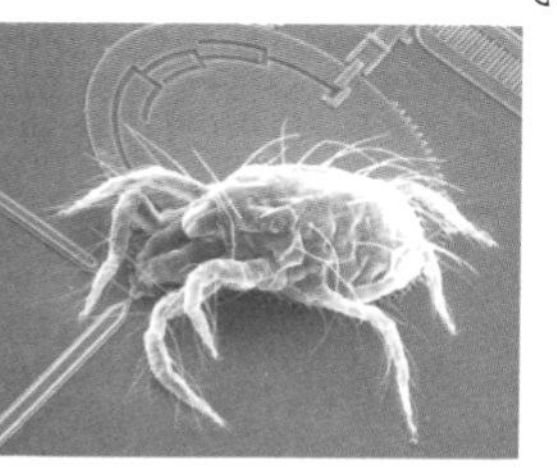

尘螨约 200 微米

人的头发直径 60~120 微米

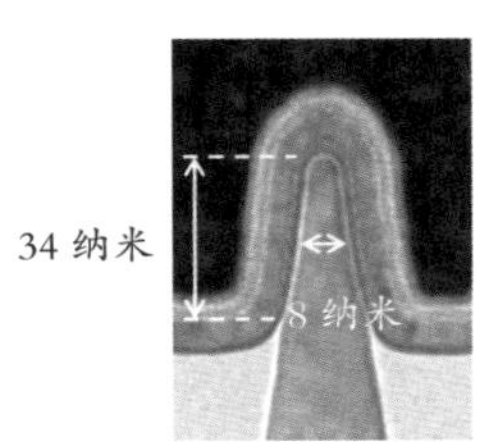


英特尔的纳米级
三间极立体晶体管

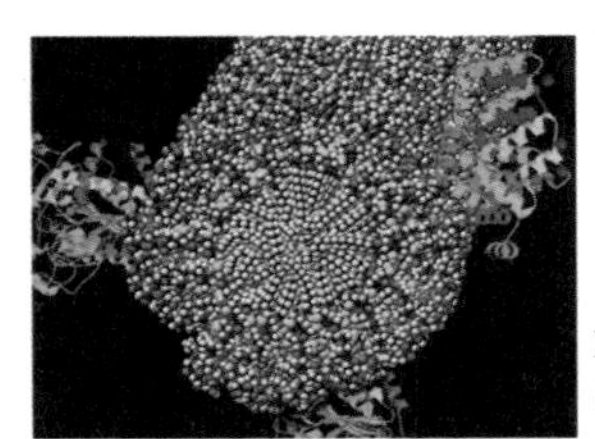

DNA 自组装结构
约 30 纳米

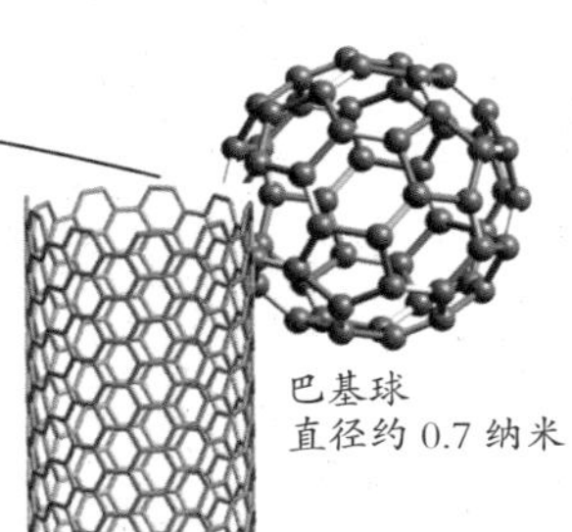

巴基球
直径约 0.7 纳米

碳纳米管
直径约 1.3 纳米

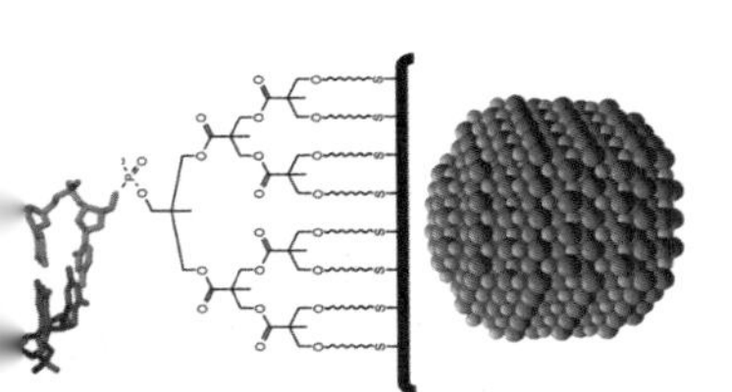

利用 DNA 链组装的构件
直径约 10 纳米

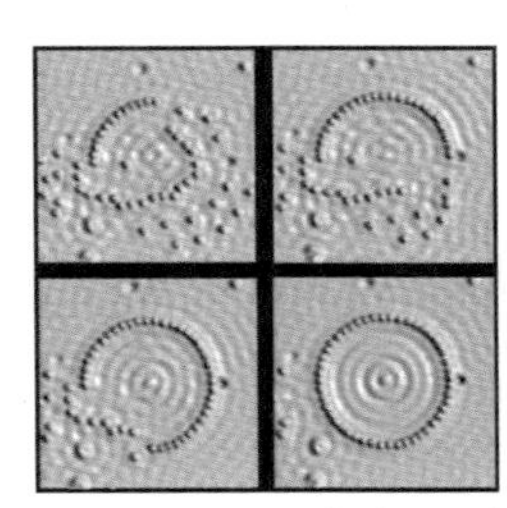

扫描隧道显微镜（STM）针尖在铜表面构建的 48 个铁原子的量子围栏，围栏直径约 14 纳米

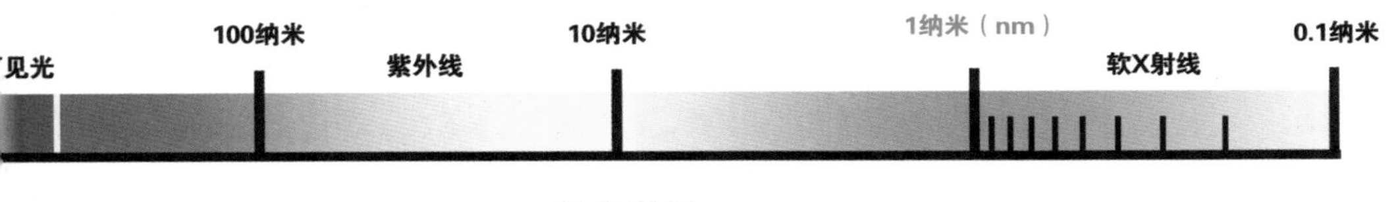


纳米世界

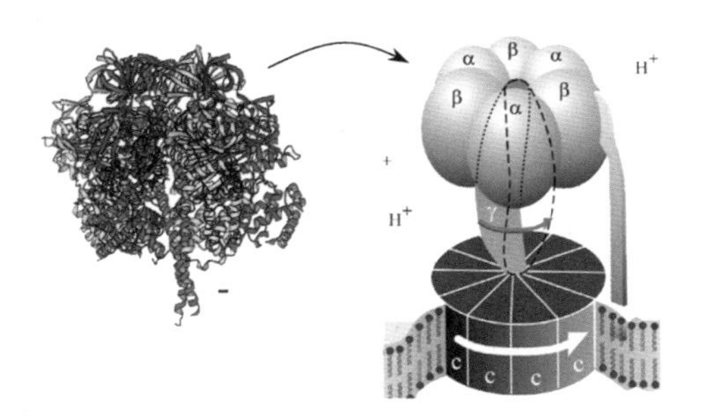


腺苷三磷酸酶
直径约 10 纳米

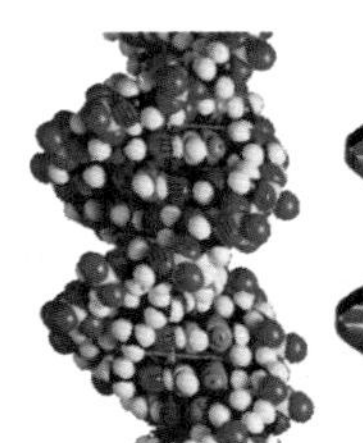

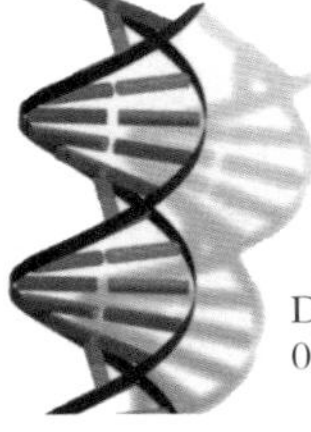

DNA 直径
0.5~2 纳米

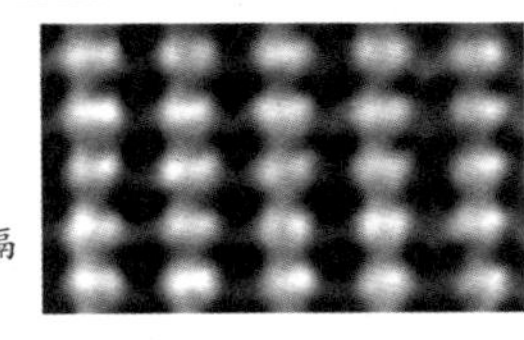

硅原子之间的间隔
为 0.078 纳米

# 第1章

# [奇特的纳米世界]

- 走进纳米世界
- 费曼的一次演讲
- 二十二世纪的原子工程师
- 碳纳米管之父

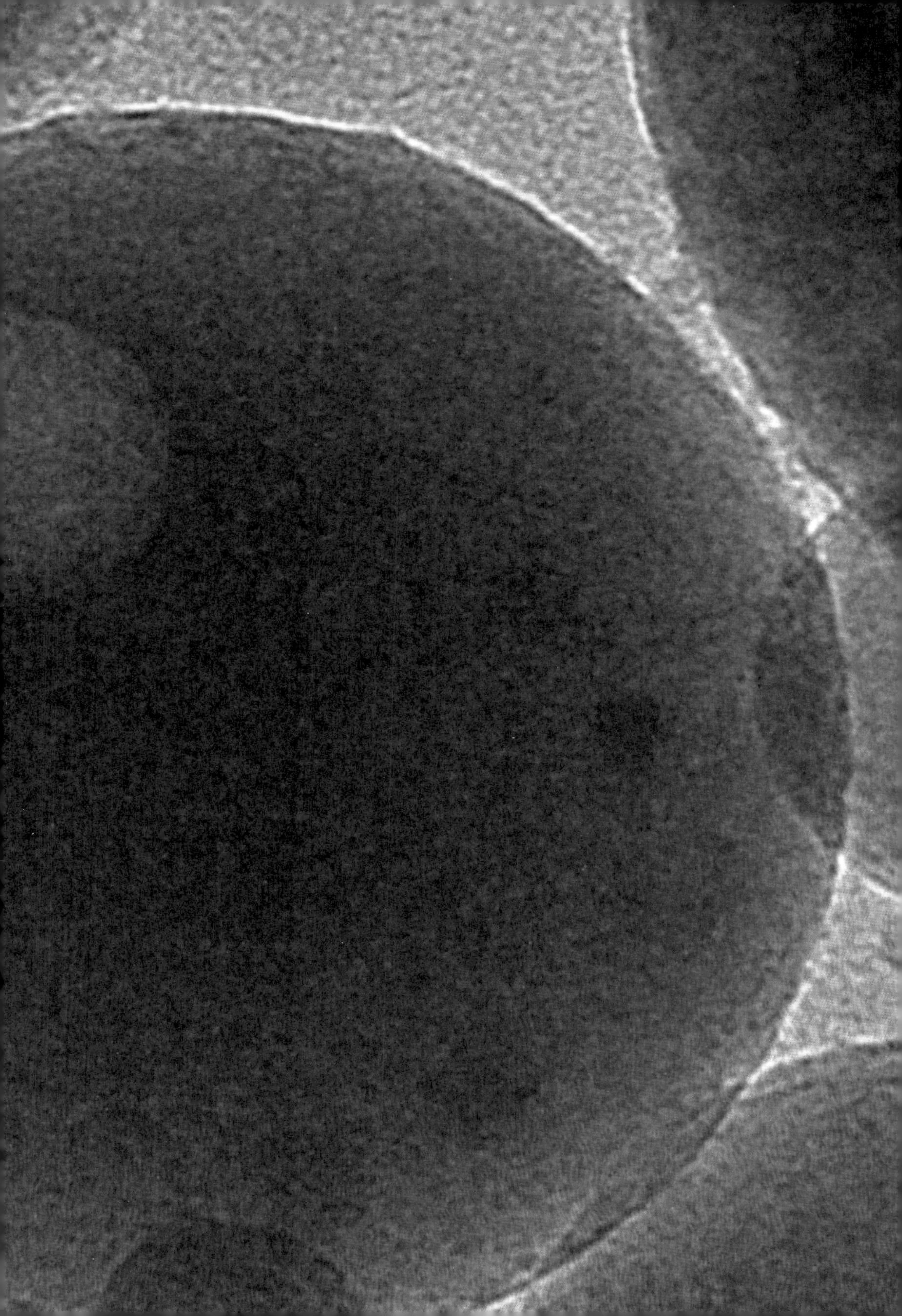

# 走进纳米世界

纳米世界是最让科学家兴奋的领域之一，它改变着我们的生活方式，也改变着我们看待世界的眼光。但是，“纳米”究竟是什么呢？

纳米（Nano）这个词来源于希腊语，它的意思是“小矮人”。现在它的意思变成“任何非常非常小的东西”。对科学家而言，它有着非常特殊的含义，这个词可以应用于任何使用纳米的领域。这些领域的总称是：纳米技术（Nanotechnology）。

纳米技术是一门应用科学，其目的是研究处于纳米尺度的物体的组成、特性以及应用。在美国国家纳米技术计划（NNI）中，科学家将这些物体的结构尺寸设定在约 1~100 纳米，处于这个尺度的物体有着很神奇的特性，可以被我们利用。也就是说，纳米技术是研究尺寸在 1~100 纳米之间的物体的特性以及如何操纵、制造它们的技术。（科学出版社《生物化学与分子生物学名词》中对纳米技术的尺度定义是 0.1~100 纳米之间。）

## 纳米尺度

纳米尺度是指任何粒径在 1~100 纳米之间的物体的尺度。1 纳米相当于十亿分之一米。想知道纳米有多小吗？让我们来看看几种用纳米计量的物体：

- 一张纸的厚度约为 10 万纳米
- 人的头发丝直径为 6 万 ~12 万纳米
- 人体 DNA 直径约为 2 纳米
- 黄金的单个原子粒径约为 0.33 纳米

通过比较我们可以看出，1~100 纳米之间的物体的尺度上限远离宏观物体，下限刚好跟原子领域毗邻，或者说有一定的交叠，所以它们的物理纳米是一个长度单位，1 纳米有多长呢？我们做一个简单的类比：我们手上拿着一个直径 10 厘米的皮球，皮球边上有一个直径 1 纳米的粒子，这个皮球跟 1 纳米粒子的比例，就大约相当于我们的地球跟这个皮球的比例，约为一亿比一

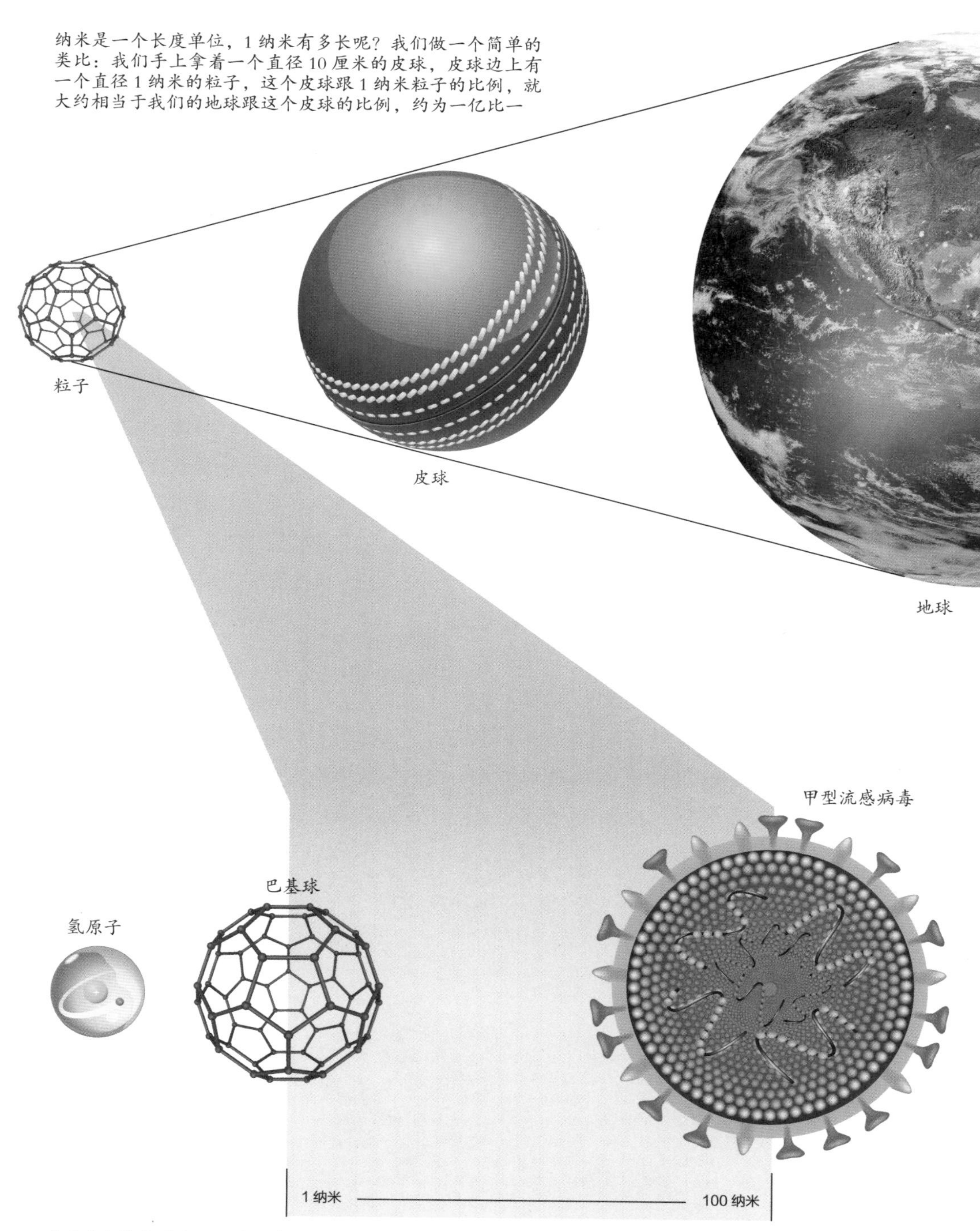


对于纳米技术界定的尺寸，我们举一个比较直观的例子：一个氢原子的直径大约为 0.1 纳米；一个巴基球（碳-60）由 60 个碳原子组成，直径约为 0.7 纳米；甲型流感病毒是中等尺寸的病毒，一个甲型流感病毒的直径约为 100 纳米。纳米技术研究的就是从巴基球到中等病毒大小之间的尺寸的物体

性质和化学性质既不同于宏观物体，也不同于微观的原子和基本粒子。它们特别在哪里呢？我们来看看下面的一个例子——关于比表面积。

当尺寸小于100纳米时，物体比表面积急剧增长，甚至1克超微颗粒表面积的总和可高达100平方米。

从微观上看，当粒径为10纳米时，表面原子数为完整晶粒原子总数的20%；而粒径为1纳米时，其表面原子占完整晶粒原子的百分数增大到99%，此时组成该纳米晶粒的所有原子几乎全部分布在表面。

由于表面原子周围缺少相邻的原子，本来应该连接其他原子的化学键悬空了，所以在缺少相邻原子的地方，表面原子表现出很高的化学活性。换句话说，当两种物质发生化学反应时，这种反应首先发生于表面原子，因为只有它们能够和其他物质的表面原子接触。如果把固体研磨成粉末，就会加快反应速率。因为固体被研磨成粉末后，原本被“困”在固体内部的一部分原子变成了表面原子，使得内部原子的数量减少了，而表面原子的数量增加，使反应变得更快，进行得更充分。

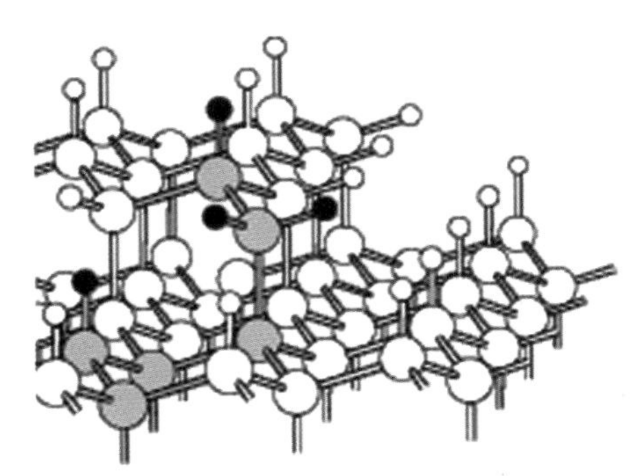
晶体表面原子的某些化学键悬空了，表现出很高的化学活性

## 纳米性能

物质大都是“抱团”的，在宏观上有群体效应或体积效应。这些物理效应可以在真实世界中被观察到，并

表面积和体积的比值随着边长的缩短而急剧上升。边长为3的方块，这个比值为2；而边长为1的方块，这个比值为6。由此可以推出，边长越短的物体，比表面积越大

边长 = 3
表面积 = $3^2\times6=54$
体积 = $3^3=27$

表面积 / 体积 = 2

边长 = 2
表面积 = $2^2\times6=24$
体积 = $2^3=8$

表面积 / 体积 = 3

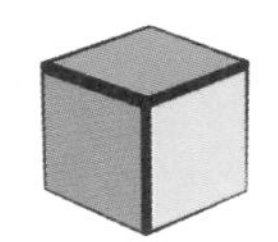
边长 = 1
表面积 = $1^2\times6=6$
体积 = $1^3=1$

表面积 / 体积 = 6

能用科学定理来理解。而当进入纳米尺度，一切都变了。

**化学性能**

某些原本稳定的金属颗粒变成超微颗粒时，由于纳米粒子的比表面积特别大，在空气中就会因迅速氧化而自燃。

**光学性能**

当金属块被细分到小于可见光波长的尺寸时，就会失去原有的光泽并呈黑色。尺寸越小，颜色越黑。银白色的铂变成“铂黑”，金属铬变成“铬黑”。由此可见，纳米级金属颗粒对光的反射率很低，利用这个特性可以高效地将太阳能转化为热能和电能。因为纳米材料可以吸收电磁波，在军事上可以做飞机的毫米波隐身材料，民用上可以做手机辐射屏蔽材料。

**热学性能**

当固态物质为大尺寸时，它的熔点是固定的，将大尺寸的固态物质超细微化后，它的熔点将显著降低。例如，金的常规熔点为 1064℃，而 2 纳米尺寸的金粉，熔点仅为 327℃左右。钨的熔点是很高的，但在钨颗粒中附加 0.1%~0.5% 质量比的超微镍颗粒后，可使烧结（各金属颗粒紧密结合）温度从 3000℃降低到 1200~1300℃。

**力学性能**

铜的纳米晶体的硬度是微米晶体硬度的 5 倍。陶瓷材料在通常情况下呈脆性，然而由纳米超微颗粒压制成

纳米金属粉末是黑色的

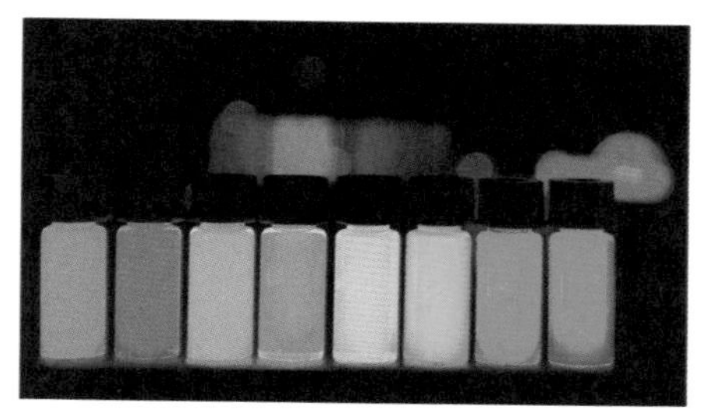

这些小瓶子里装的其实都是同一种物质的纳米粒子悬浊液，呈现的颜色之所以不同，是因为悬浮在里面的纳米粒子大小不同

俄罗斯制造的机身覆盖有纳米涂层的 T-50 隐形战斗机

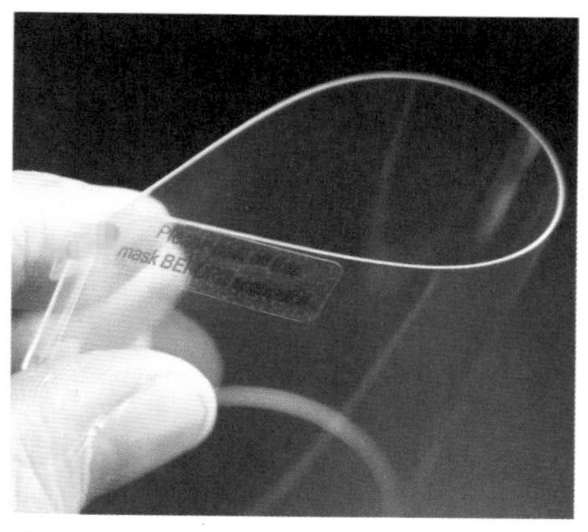

柔软超薄的防爆纳米屏保薄膜

的纳米陶瓷材料却具有良好的韧性。因为纳米材料具有大的比表面积，表面的原子排列是相当紊乱的，原子在外力作用下很容易产生迁移，因此表现出良好的韧性和一定的延展性。也许更重要的是纳米物体的尺度下限刚好跟原子领域毗邻，或者说有一定的交叠。也就是说，当进入纳米世界的时候，实际上是进入了原子的领地。这意味着需要把量子效应考虑进去。

为了更好地理解纳米物体不同寻常的力学性能，我们必须对原子有更多的了解。

## 近观原子

1911 年，物理学家卢瑟福爵士（Lord Rutherford）和他的研究小组发现了一个奇怪的现象，这个发现影响了整个科学界。他用镭发射的粒子轰击一张很薄的金箔，惊奇地发现，只有少量粒子像预期的那样反射回来，其他大部分粒子穿过了金箔。

唯一的解释只能是：原子内部基本上是空的。这一发现令人震惊，因为当时科学家普遍认为，原子像一大块圆形布丁。原来的“布丁”模型的说法是：原子核组成了“布丁”，而在原子核外面的电子就像被压进布丁表面的葡萄干。

结果，卢瑟福证明了“布丁”模型是错误的，原子内部基本上是空的。

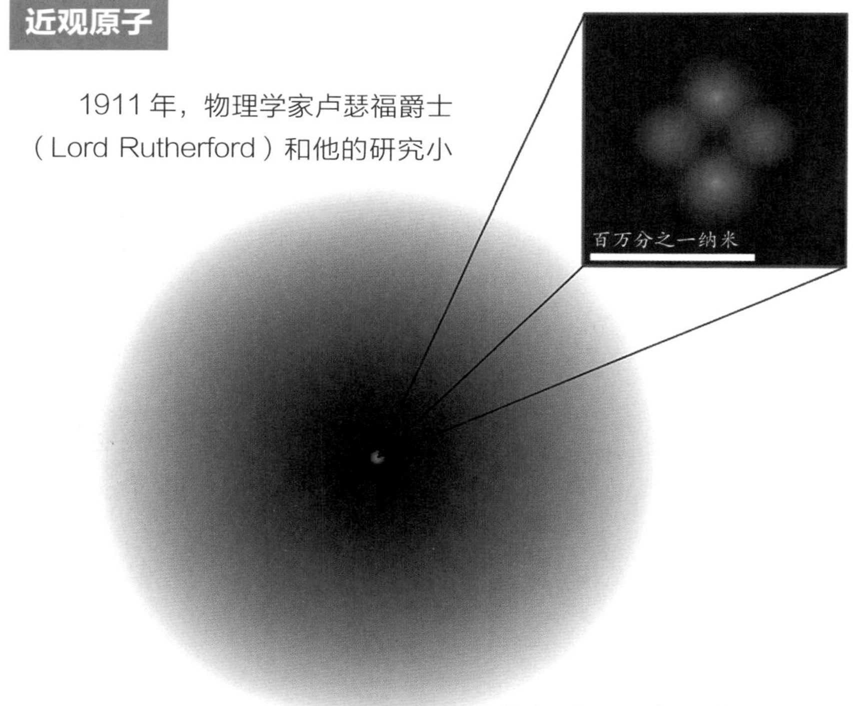


氦原子图示，图中粉红色的一点是原子核（经放大为右上图）。电子并非绕着原子核做轨道运动，而是呈云雾状分布。这团云雾可以这样表述：电子在同一时间位于原子核周围的各个点上，只是在每个点上存在的概率不同而已

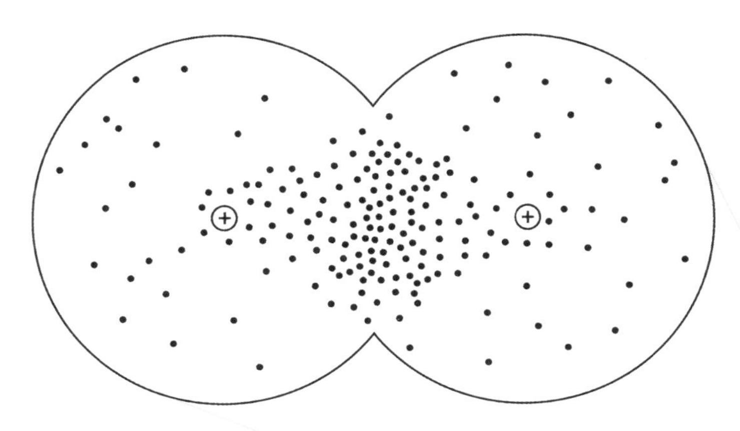

两个原子靠近，共享外层电子，电子云相互重叠，形成共价键。共价键的键强很强，所以这样的结构很稳定

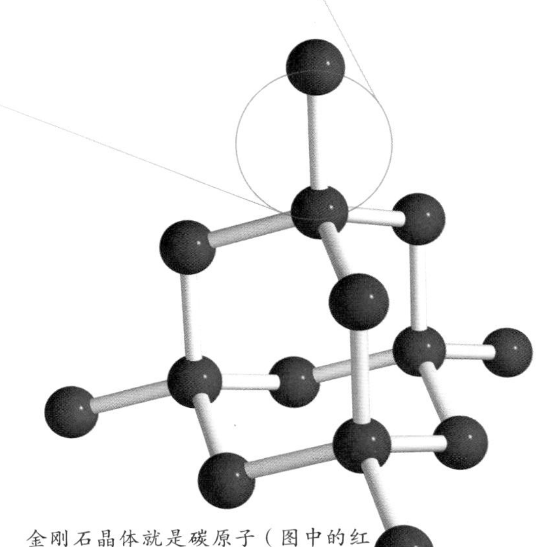

金刚石晶体就是碳原子（图中的红球）用共价键连接而成的稳定结构

实际上，占原子几乎全部质量的原子核，体积只有整个原子体积的几千亿分之一。原子核小到什么程度呢？如果把原子放大，让原子核变成苍蝇大小，那么整个原子有伦敦的圣保罗大教堂那么大。

你现在触摸的所有东西，包括你自己在内，实际上是很空洞的。可一切又都感觉那么真实和坚固。这不太合情理，是吧？答案就在于组成原子的粒子属性以及一直作用于这些粒子的力。

原子核由质子和中子组成。围绕原子核转的是微小的电子，电子带负电，因此被带正电的质子吸引。但是，原子核内部有一种强作用力，让质子结合在一起，并和电子保持一定距离。

电子通常被描述成高速运行的微小颗粒，就像月亮围绕地球公转一样绕着质子转。然而，量子物理学认为，每个电子都在同一时间位于原子核周围的各个点上，这个说法对我们来说有些奇怪，但似乎事实就是这样。也许，更准确的理解，就是电子像处于原子核周围的“云团”，尽管事实并不全是这样。

原子和原子之间有很多复杂的力在相互作用。当其中一个或两个原子缺少一些电子时，磁场力会让它们“黏结”在一起。这个力是很强大的，以致结合在一起的原子很难被分开。

## 介于宏观和微观之间的神奇

深入了解微观世界，而且能够定量计算原子间的各种力的大小，科学家就可以更好地分析纳米现象。原子之间的强大的黏结力也意味着那些极细微却坚固的材料是存在的。当纳米技术可以创建只有几个原子厚的坚固结构，而且这种结构没有宏观固体常见的位错缺陷时，强度极高的材料就出现了。碳纳米管就是利用了这种作用力。碳原子可以按照需求进行不同的排列，将只有一个原子厚的薄片卷成卷就变成了碳纳米管。碳纳米管比钢铁还要坚硬数百倍，但密度只有钢铁的六分之一，是制造汽车和飞机的理想材料。

当粒子小到一定程度时，一种叫作“宏观量子隧道效应”的现象出现了。通常我们把宏观量子隧道效应简单地理解成：粒子能够穿过隧道而不必攀越它面前的高山（势垒）。利用这种效应，科学家研制出了扫描隧道显微镜，正是这种设备，使得人类能够一个个地移动原子。

对科学家来说，纳米的奇异特性是令人兴奋的。可以肯定，纳米世界的奇异特性还会给人类提供更多的用途。而在应用方面，人类也只是刚刚起步。

在经典力学里，图中的“粒子小人”撞到墙上只能倒在墙边；而在量子力学里，“粒子小人”变成“量子小人”了，撞到墙上后会穿墙而过

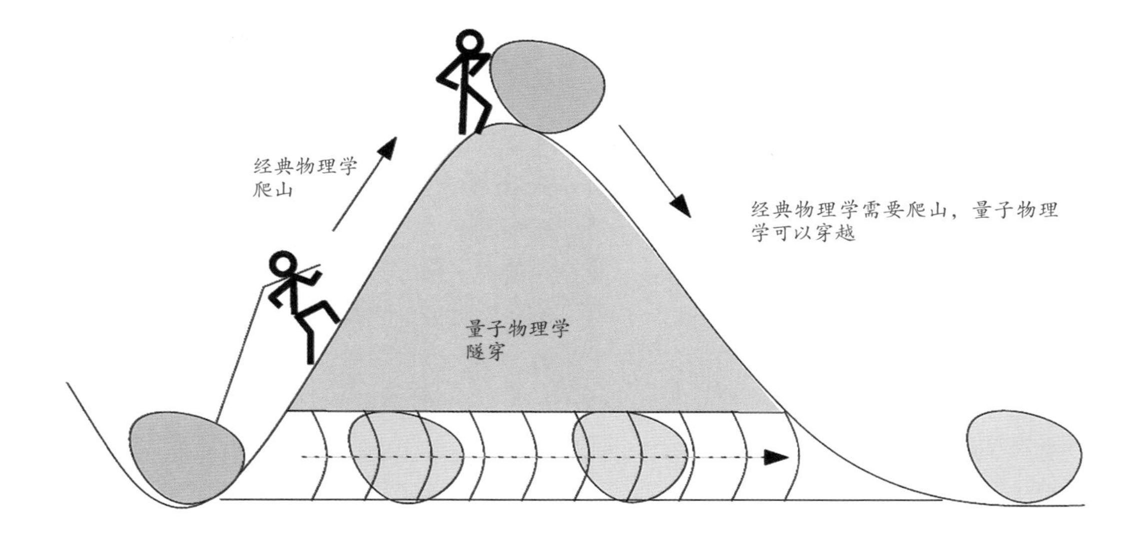

经典物理学需要爬山，量子物理学可以穿越

# 大自然中遍布的纳米现象

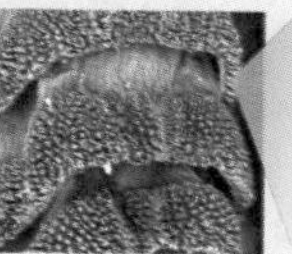
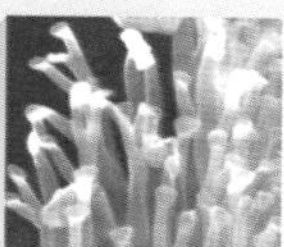

壁虎脚趾表面的纳米级细胞和圆盘

在人类运用纳米技术之前，大自然就已经巧妙地运用纳米原理了。

荷叶效应就是大自然中纳米现象的典型例子。荷叶具有独特的自洁、防水、防污功能，当水滴触碰荷叶时，不仅荷叶不会湿，水珠还会滑落并带走荷叶上的灰尘。科学家通过高倍显微镜发现，荷叶表面布满了小乳突，每个乳突是由许许多多直径约为 200 纳米的细小突起组成的，这种细微的纳米结构，使水珠粒子不易与荷叶表面接触。

科学家模仿荷叶效应，制造出像荷叶表面一样的纳米级防水结构，并应用到各种材质上，使材质的表面像荷叶那样，具有自洁、防水、防污等功能。

壁虎神奇的爬墙功自古以来一直受到人们的关注。壁虎可以在光滑的垂直表面，甚至是水或真空中的任何特殊表面爬行，这是因为它的脚底有一种特殊的纳米结构，使它能轻松地“飞檐走壁”。

壁虎脚趾表面是由细小的刚毛构成的薄片状的结构，每平方毫米约有 5000 根刚毛，而每根刚毛的末端都会分岔出约 1000 根纳米级甚至更细小的细柄，柄的直径约 100 纳米，而且每一个细柄的末端都有一个圆盘一样的结构。因为这些细柄和圆盘是如此之小，所以可以非常贴近物体的表面，贴近到两者的分子之间甚至能产生“范德华力”——分子间的一种较弱的作用力。尽管刚毛分子和墙面物质分子之间的范德华力十分微弱，但数以千万计的分子之间的范德华力加起来将产生足够大的吸引力来支撑壁虎的重量。科学家的研究显示，一只 150 克的大壁虎所能产生的黏着力高达 40 千克，是其体重的 200 多倍。至于超强的黏着力为什么没有将壁虎“粘住”，是因为这种黏着力是具有“指向性”的，就好比我们要取下黏着的胶带，如果拉起一端，沿着分离面撕下胶带就会非常轻松。

科学家受壁虎脚趾纳米结构的启发，开发出超级黏合设备——壁虎皮肤。这种“皮肤”能够附着在光滑的墙壁上，并可承重达 300 多千克。

荷叶表面布满了小乳突，每个乳突都是由许许多多直径约为 200 纳米的细小突起组成的，这让荷叶具备了超强的疏水性。一些纳米疏水材料就是通过研究荷叶而仿生制备出来的

# 费曼的一次演讲

无论是在大众的印象中，还是在电影或者小说中，科学家的形象大都古板、乏味、怪异，比如撞电线杆的数学家陈景润、《美丽心灵》中的纳什、《蜘蛛侠》里的章鱼博士、《蝙蝠侠》里的急冻先生。但是，理查德·费曼（Richard P. Feynman）的回忆录《别闹了，费曼先生》一定会颠覆你的认知。

费曼1918年生于美国，1939年毕业于美国麻省理工学院，1942年获得美国普林斯顿大学理论物理学博士学位，之后加入洛斯阿拉莫斯国家实验室，“二战”期间对原子弹技术的发展贡献卓著。由于在量子电动力学上开拓性的成就，费曼于1965年获得诺贝尔物理学奖。他被认为是继爱因斯坦之后最睿智的理论物理学家，没有之一。这绝对是一份顶级学霸、伟大科学家的“高大上”的简历。

但是，费曼最有意思的地方是，他不仅对物理感兴趣，对数学、生物学、各种外语、玛雅人密码等一切他不了解的事物也都感兴趣，他还喜欢恶作剧，喜欢开保险柜的锁，喜欢不看乐谱打鼓。小时候，为了证明尿液不是因为受到地心引力作用而排出体外，他倒立着“嘘嘘”。他还假装精神病逃避兵役。他曾在酒吧被人打，第二天还带着被揍出来的黑眼圈给学生上课。一个科学家的人生竟然可以如此风趣、幽默、活力四射、多姿多彩。

《别闹了，费曼先生》一书讲述了诺贝尔奖得主费曼的奇闻逸事，不仅有轻松的私生活，还有严肃的“曼哈顿计划”。书中没有任何说教，也没有深奥难懂的物理学，只有各种笑闹逸事，然而却透露出这个天才的一些天机。这些逸事是从费曼与玩鼓的伙伴拉尔夫·莱顿的谈话录音中整理出来的

风趣的费曼先生在1959年12月29日做了一次演讲，题目是“There's Plenty of Room at the Bottom”（微观世界有无垠的空间），预言未来可以制造原子尺寸大小的机器和电脑。

费曼如是说：“我不知道能够用什么实际可行的方法实现它，但我知道现在的电脑和机器太大了，它们占满了整个房间。为什么我们不能使它们变得小一点呢？让它们变成小小的东西，让电线变得小一点，小一点，再小一点，比如说，使电线的直径变为原子直径的十分之一或百分之一就足够了。”

费曼预言，人类可以用小的机器制作更小的机器，技术发展到最后，可以根据人类意愿逐个地排列原子以及操纵原子来制造产品。这是科学家首次设想在纳米尺度上操控原子。

费曼是量子物理研究的宗师，他研究粒子在电磁场中的行为、带电粒子（如质子、电子等）的产生和湮没。在无法看到原子和粒子的情况下，当时的物理学家利用“云室”来拍摄粒

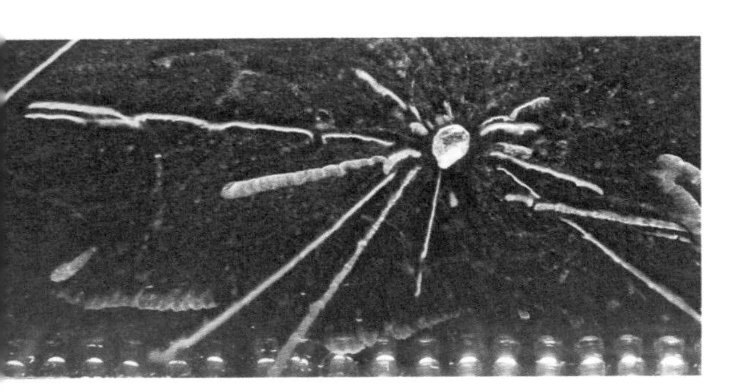
“云室”照片记录的粒子轨迹

子运动的轨迹，再根据这些“蛛丝马迹”研究原子的内部结构。对于当时的科学家来说，俘获和操纵单个原子，简直是异想天开，是不可能完成的任务。因为对于单个粒子，经典的物理学定律已不再适用，于是量子物理学开始“接手”。如果将我们在宏观世界的经验推广到微观量子世界，可能会产生荒谬的结果。比如说，在量子世界里，我们对粒子的观察会影响到粒子的状态！好比空气中的微尘，你看一眼，它就会因此飞开，这样的微尘你能用手抓住吗？连观察都会干扰到粒子的状态，怎么去俘获和操纵呢？当时的科技根本不可能做到这些。

在这个演讲的最后，费曼先生以他一贯的搞笑手法，贴“皇榜”重金悬赏 2000 美元：谁能第一个制造出 1/64 立方英寸（1 立方英寸≈ 16.39 立方厘米）的微型马达，就能获得 1000 美元；谁能第一个将整本《不列颠百科全书》写到大头针的针头上，或者把一页书缩小到原来的 1/25000，也能获得 1000 美元奖金。

第一个悬赏出乎意料的顺利，第二年就被一个巧手的工匠获得了。

而第二个悬赏直到 1985 年才被美国斯坦福大学的一位研究生获得，他把《双城记》的第一页按要求缩小到了原来的 1/25000。

费曼先生的这次演讲，在当时并没有引起很大反响，大家都把这次演讲当作是这位“科学顽童”在“侃大山”。直到 1990 年，纳米技术研究者追根溯源，想起了费曼先生的那次“侃大山”，并把他列为纳米技术的“开山鼻祖”。如果你用百度搜索纳

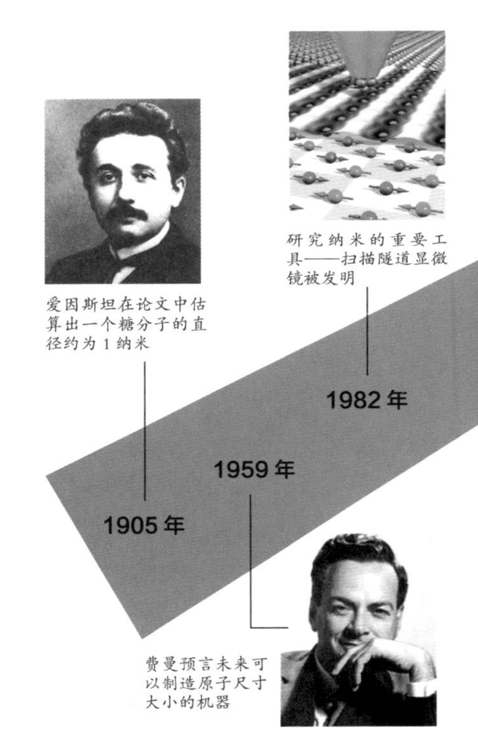

## 纳米技术发展的里程碑节点

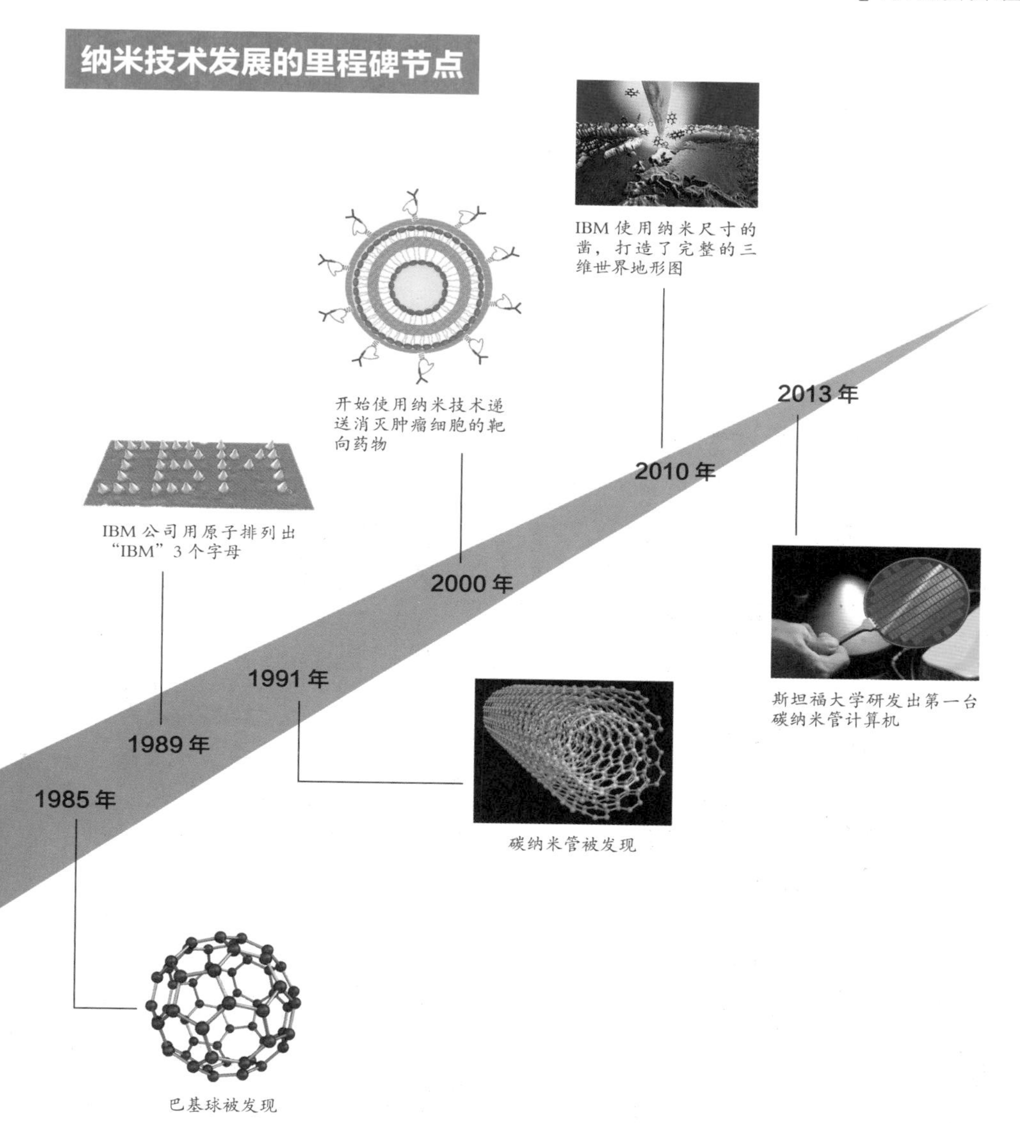


米技术的历史，费曼的笑脸一定会出现在查询的结果里面。

1989 年，IBM 公司的科学家成功地使用一种被称为“扫描探针”的设备，慢慢地把 35 个氙原子移动到既定的位置，组成了“IBM”三个字母。三个字母长度加起来还不到 3 纳米。

1993 年，中国科学院北京真空物理实验室操纵原子，成功地写出“中国”二字，这标志着中国开始在纳米技术领域占有一席之地，并居于世界科技前沿。

在费曼做出大胆预言 30 年之后，人类终于可以对单个原子进行操纵了。

# 二十二世纪的原子工程师

**时间：公元 2134 年**

**地点：正在环绕某未知恒星飞行的“赫耳墨斯”号宇宙考察船内**

通过努力，托马斯重新校准了放在他面前的工作台上的量子电路。当然，这些量子电路，包括操作平台，肉眼都看不见。一个外行人或许会觉得在那儿比比画画的托马斯正在梦游。事实当然不是这样的，托马斯正在努力工作，他身边那些精密复杂的机器也和他一样正在努力运转着。那些复杂的传感器和激光器阵列监测着托马斯双眼最微小的眨动和他瞳孔的每一次放大和收缩，它们会根据监测到的数据调整、重新调整、反复调整孔径和投影仪的焦点，以确保直接投射到托马斯视网膜上的都是最清晰、最准确的影像。

托马斯其实是一名原子工程师。IBM 公司旗下一名叫作唐·艾格勒（Don Eigler）的物理学家，曾于 1989 年首次使用一台扫描隧道显微镜移动了单个原子。唐·艾格勒实际上就是原子工程师这一职业的先行者，但当时连他自己也不知道他干的这行叫什么。他利用 12 个经过特殊排列的原子中 8 个的磁性，成功研制了世界首个原子存储比特，这一创举让人类可以仅利用十几个原子就能存储曾经需要数百万个原子才能存储的 1 比特数据。这一领域的技术由此得到了精进，一个全新的职业也由此诞生。

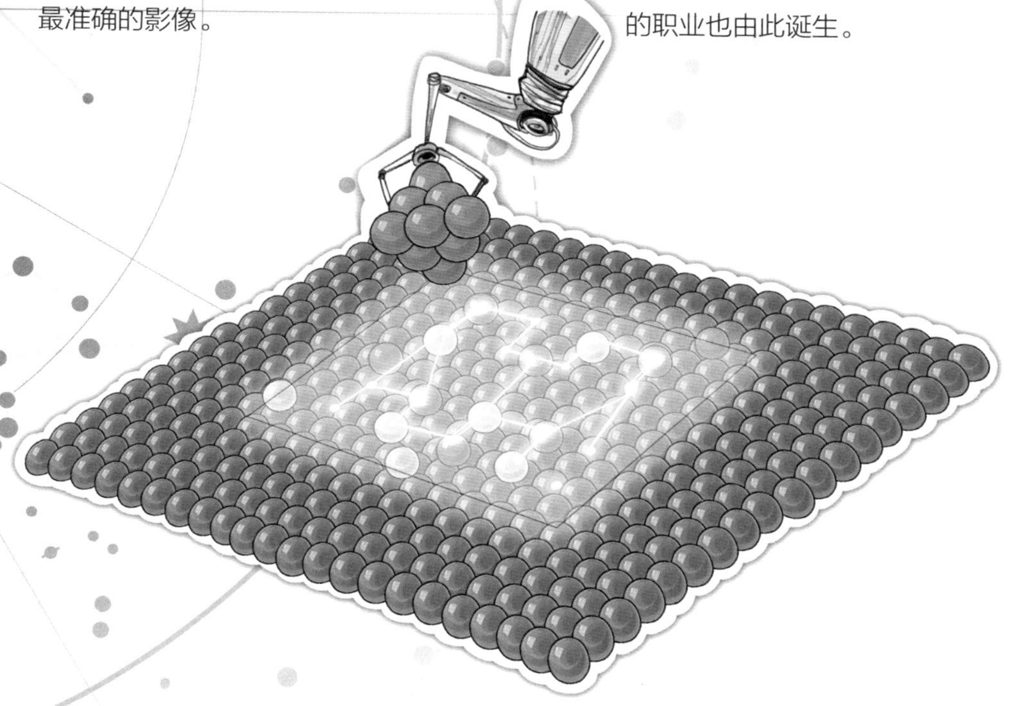

原子工程师这个职业首要的职业要求便是精确。哪怕只有一个小小的电子错了位都可能使做了整个星期的电路分层功亏一篑。量子电路是十分精细的设备，是宇宙飞船导航系统的重要组成部分。假如托马斯在修复量子电路时犯了一个小小的错误，就会导致宇宙飞船偏离几光年远，后果不堪设想。

托马斯小心翼翼地把成像镜从头上取了下来，避免碰掉连在他太阳穴上的大脑输入电缆。这些电缆利用电子信号将托马斯的大脑和他工作用的复杂精密的成像及操控设备直接连接。21 世纪时，像托马斯这样的原子工程师还不得不使用原始的方法操控原子，使其组成原子电路。如今，托马斯使用的这些精密仪器能让他实时地、真实地看到他所操控的原子粒子和亚原子粒子。

其实，托马斯在闲暇时也曾好奇过 21 世纪的同行们是如何工作的。

知道他内心存在疑问，他的成像设备帮他接入了过去的数据文件。

*IBM，瑞士苏黎世，1986 年。*

*格尔德·宾尼希 (Gerd Binnig) 和海因里希·罗雷尔 (Heinrich Rohrer) 两位研究员因成功利用一根金属针看到了放在一个铜板上的一氧化碳的单原子而荣获诺贝尔物理学奖。当金属针靠近铜板时，可以清楚地“看见”原子的磁性。*

*格尔德·宾尼希发明了一种方法，首先向金属针和铜板输送微量电荷，然后拉动金属针横穿铜板，在不接触原子的情况下，格尔德就能将原子在铜板上拉来拉去。事实上，金属针的针尖与原子之间形成的化学键，使原子能在铜板上被拽到一个新的位置。*

扫描隧道显微镜

托马斯对上述数据文件中的信息很感兴趣，但这些信息对他现在的工作并没有什么帮助。为了修复宇宙飞船的导航系统，他不得不一个原子一个原子地重建量子电路。幸运的是，他现在的装备比21世纪那台足足有一间屋子那么大的扫描隧道显微镜要高效得多。托马斯甚至能看到正在移动的原子的图像，而格尔德却不得不先移动那些原子，之后再给它们照相。为了重建宇宙飞船的导航系统，托马斯需要移动成千上万个原子。虽然托马斯利用他手头的设备一次就可以移动几十个原子，但他的成像系统带有宇宙飞船所有重要系统的模板，安全起见，

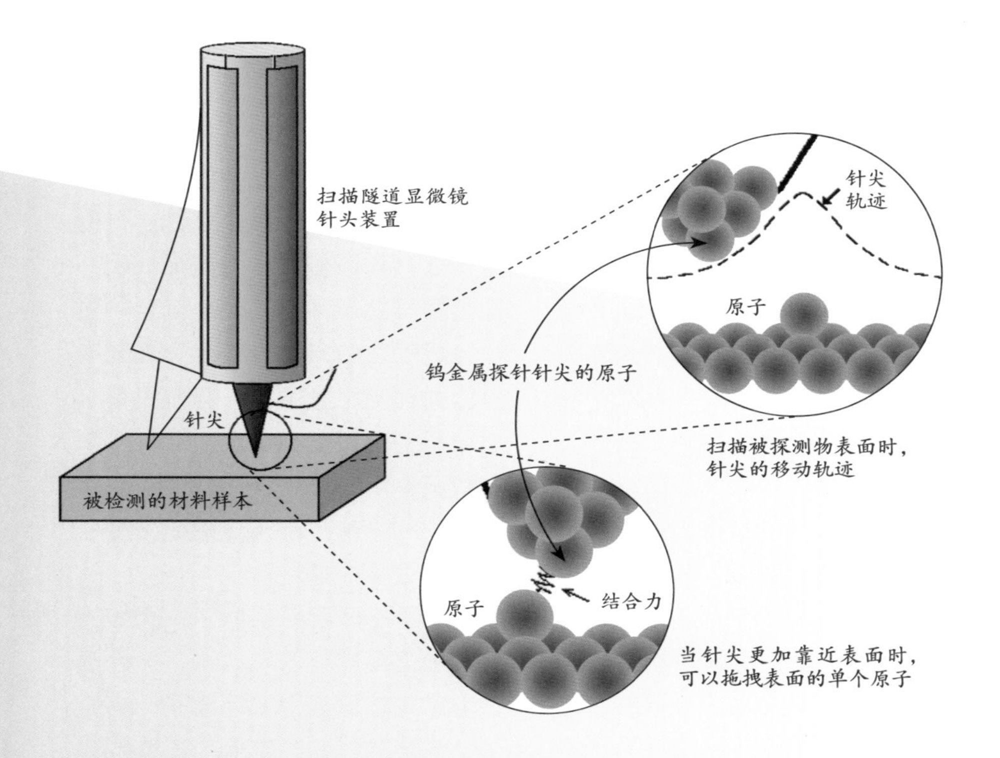


扫描隧道显微镜有一根可移动的、非常细的钨金属探针，探针尖端的原子轻轻地经过被探测物的表面，通过测量针尖与被探测物之间的隧穿电流，来观察和定位这个表面上的各个原子，以此观测物体的表面形貌。科学家发现，如果针离被探测物的距离过近，就会把被探测物上的原子吸引到针上，进而可以移动这个原子到指定的地方。扫描隧道显微镜是一种用于操控原子、布置原子阵列的有效工具

他还是不得不亲手一个原子一个原子地移动。对于拥有先进设备的他来说工作量尚且如此巨大，他简直不敢想象那些没有实时成像设备的老一辈研究员是如何工作的。

想到这里，数据文件又在成像设备中出现了。

*IBM，圣荷西，美国加利福尼亚州，1990 年。*

*当时的原子研究员移动原子时并不能像今天一样看得见被移动的原子，但当某一个原子被从紧紧相连的两个铜原子间的化学键结合点移走时，当时的设备却能够监测到。当时的原子研究员只有在原子已经被移走后才能看见它们并确保它们都处于正确的位置。当这些原子被移动时，安放在实验室中的磁力检测仪会发出一个摩擦声。这个摩擦声虽然很小，但很清晰，足以让当时的原子研究员听清，从而得知某一个原子已经改变了位置。而正是这个摩擦声，使当时的原子研究员在看不见原子的情况下能够顺利地将原子移动。*

托马斯手头的设备不断向他提供上述大量与工作无关的信息，这让他很恼火。他明白这些机器只是想帮他的忙，但它们又没有智能到能够区分一个突然冒出来的没啥用的想法和一个合乎逻辑且对工作有意义的询问。他觉得没能把自己电脑的演算规则系统设定得更精密、更人性化是自己的错，但恐怕他永远都不会有时间去调系统了。他还是不确定以上随机获得的那些知识能不能带给他启发，但他记得之前提到过原子移动时会发出声响这么个事儿，这到底能不能对他手头的工作有所帮助呢？

托马斯重新戴上成像镜，又把正在重建的电路的电路图调了出来。他一会儿看看电路图，一会儿看看那块已经有电子移入的铜板，还有那一长条需重建的空白区域。有没有什么办法能使工作进度加快呢？他需要寻找一种即不失准度又能更快完成工作的方法。不能失去准度是因为在电路分层时，哪怕只有一个原子的位置出现错误，都有可能导致演算出一个错误的值。而当我们面对的主体是宇宙飞船时，每一步演算都至关重要。

该看托马斯怎么做了。假如他在铜板上覆盖一张电路图，然后透过电路图在铜板上拖拽原子，当原子处于被覆盖的电路中的正确位置时停止拖拽。这就好比过去将缝制花样放在布料上一样。缝纫机能够沿着缝制花样缝出一条条线来，操作缝纫机的人可以利用这种方法缝制衣物。在托马斯的工作中，电路图就是缝制花样，而托马斯则是在用原子进行缝制。

他按照上述方法做了好几个小时，已经找到了节奏。像所有精细的、重复性高的工作一样，一旦掌握节奏就容易多了。假如现在他将手头的设备设定为仅在针完全走完电路图时切断扬声器的话，那一刹那且只在那一刹那他才会听到一个清晰的摩擦声，证明原子已经被拖拽到正确位置了。此时，只要往针上释放电流，原子就能准确地落到铜板上。

托马斯开始用这种方法完成工作：他闭着眼睛将针穿过铜板，等听到摩擦声后放电。完成后，他睁开眼，看见原子恰好处于电路上他设定的位置上。看到如此可喜的结果，托马斯又闭上了眼睛，再一次重复上述步骤——完美！托马斯就这样一次又一次地完成了上述步骤，每一次原子都能处于准确的位置。

这样一来，宇宙飞船的导航系统当天就被修复好了，船长点头赞叹托马斯工作完成之神速。托马斯也觉得自己很了不起，他骄傲地回复船长道："小菜一碟，我闭着眼睛就干了！"事实上，托马斯并不夸张，他确实是闭着眼睛完成的。神奇吧？

2012年，首个仅利用12个原子的数据存储设备研发成功。为了纪念这一伟大创举，IBM公司的研究人员特意制作了一部妙趣横生的逐帧动画短片，名叫"一个小男孩儿和他的原子"（A Boy and His Atom）。该片是由IBM公司的研究人员用重达两吨的自制显微镜，在零下268℃的超低温环境下，处理一氧化碳分子位置所拍成的动画短片，全片共242帧，分辨率为45纳米×25纳米，被称作"世界上最小的电影"

# 碳纳米管之父

1985 年，当大众的目光都聚焦到世界杯足球外围赛最后阶段的时候，科学家却被一种足球结构的碳分子吸引。它就是由 60 个碳原子构成的碳 -60，其形状居然和足球一模一样——由 20 个六边形和 12 个五边形组成！

因为这个分子结构与建筑学家巴克明斯特・富勒 (Buckminster Fuller) 的建筑作品很相似，为了表达对他的敬意，发现者将其命名为“巴克明斯特・富勒烯”（Buckminster Fullerene），简称“富勒烯”（Fullerene），又名“巴基球”。

在发现巴基球之前，碳的同素异形体只有石墨、钻石、无定形碳（如炭黑和炭）。巴基球的发现，拓展了碳的同素异形体的数目，同时，巴基球具有的独特的化学和物理性质，在材料科学、电子学和纳米技术方面有着广泛的应用，所以，足球结构的巴基球一经发现，就吸引了全世界的目光，在纳米技术的“绿茵场”上，到处是科学家追逐巴基球的身影。发现它的三位科学家克罗托、科尔和斯莫利，因此获得了 1996 年诺贝尔化学奖。

1985 年，物理学家的目光除聚焦世界杯外，也聚焦一种结构像足球的碳分子——巴基球

在实验室里制造巴基球的成品率很低，在用石墨电弧法制取巴基球的过程中，会产生大量的废物——炭灰。当大家都在追逐巴基球的时候，日本科学家饭岛澄男对这些废物产生了兴趣。他用透射电子显微镜仔细观察了这些废物，收获了意外的惊喜。他发现了管状结构的碳原子簇，直径约几纳米，长约几微米。这些被人弃如敝屣的碳原子簇就是碳纳米管（CNT，Carbon Nano Tubes），又称巴基管（Buckytubes）。

饭岛澄男把他的研究成果发表在

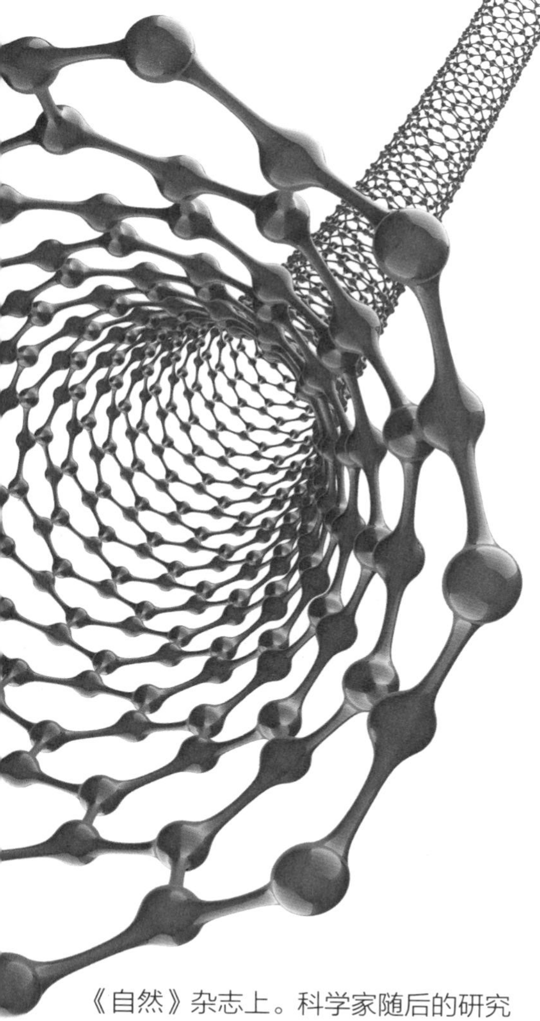

《自然》杂志上。科学家随后的研究发现：

● 碳纳米管是所有材料中比强度最高的。比强度越高，表明达到相应强度所用的材料质量越小。高比强度的碳纳米管合成材料将被广泛应用到盔甲、自行车、汽车、飞机等需要材质轻盈并且坚固的产品上。碳纳米管材料离实用还有多远？目前，利用化学气相沉积（CVD）原理，已经制备出长度为 20~40 厘米的单壁碳纳米管长丝。另外，制备大面积厚度均匀的薄膜材料是很困难的，而碳纳米管阵列组成的薄膜，面积可达 500 平方厘米，厚度仅 6 毫米。

日本科学家饭岛澄男

● 碳纳米管可以制成纳米秤。碳纳米管上极小的微粒可以引起碳纳米管在电流中的摆动频率发生变化，利用这一点，1999 年，巴西和美国科学家发明了精度在 10~17 千克的纳米秤，这是当时世界上最敏感、最小的衡器，可以用来称量大生物分子、生物颗粒甚至单个病毒的质量。随后，德国科学家研制出能称量单个原子的纳米秤。

● 碳纳米管材料具有隐身功能。纳米微粒的尺寸远小于红外线及雷达波波长，对红外线及雷达波的透过率比常规材料要高得多，也就是说，对红外线及雷达的反射率很低，这使得

| 材料 | 比强度 (kN · m/kg) |
| --- | --- |
| 混凝土 | 5.22 |
| 橡胶 | 16.3 |
| 尼龙 | 69.0 |
| 铝合金 | 214 |
| 不锈钢 | 254 |
| 蛛丝 | 1069 |
| 碳纤维 | 2457 |
| 碳纳米管 | 46268 |

红外探测器和雷达接收到的反射信号变得很微弱，从而达到隐身的效果。碳纳米管材料对红外线的高效吸收特性，还可以应用于光伏太阳能电池。

● 碳纳米管具有良好的导电性能。有研究发现，直径为 0.7 纳米的碳纳米管具有超导性，预示着碳纳米管在超导领域的应用前景。

碳纳米管的这些卓越性能，是科学家一直梦寐以求的。巴基球“绿茵场”的“球员”让场外的“观众”一个个目瞪口呆，仿佛看到了“足球场上”一次非常意外的“捡漏”。

科学界曾一度认为饭岛澄男是撞了大运。饭岛澄男自己也承认：“碳纳米管的发现其实是非常偶然的，是我在做其他实验时意外发现的副产品，我当时感觉到它们可能会有潜在价值，便写成文章投到《自然》杂志，后来证明这真是个重大的新发现。”

如果仔细观察饭岛澄男的研究历程，你会发现，其实在偶然中带着必然。在发现碳纳米管之前，他已经做了十几年相关领域的研究了。1980 年，在分析碳膜的透射电子显微镜图片时，他发现了同心圆结构。这是巴基球的第一个电子显微镜图，比诺贝尔奖获得者发现巴基球早了整整 5 年！饭岛澄男没有在巴基球上有所斩获，却成为“碳纳米管之父”。这次奇遇，真可谓“失之东隅，收之桑榆”。

饭岛澄男在一次演讲时说：“做科研时切忌只奔目标而去，不要忽视科研过程中的每一个细微发现。”饭岛澄男的发现，再一次证明了“机会只垂青那些有准备的人”。

碳纳米管

## “天梯”的缆绳

除了乘太空火箭，未来还可以乘坐“天梯”上天。这个天梯就是被科学家称为“太空电梯”（The Space Elevator）的航天工具。

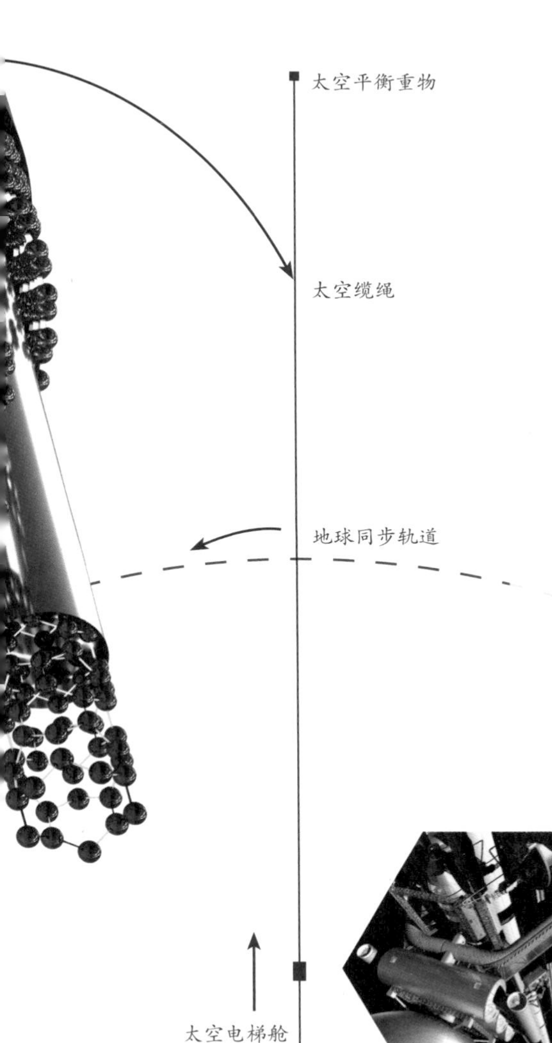


太空电梯就像是一根超粗吊索，它的一端固定在赤道附近的地表平台上，另一端固定在与地球同步运转的太空平衡重物上，在地心引力与离心力作用下，达到相对平衡。电梯舱利用太阳能沿电梯缆绳上下往返。太空电梯无须像火箭那样耗费大量燃料，且能 24 小时运转。

太空电梯就像一个太空中转站，能将太空船、货物甚至是人类载到近地轨道上，然后再从那里出发到月球或其他星球去。还有一种想法，就是从地球上抛射一个锚，直接射入月球并牢牢地固定住，然后再发射建筑材料到月球上，用于建造太空电梯。

太空电梯的概念最早出现在 1895 年，由康斯坦丁·齐奥尔科夫斯基（Konstantin Tsiolkovski）提出。但是一直到几年前，它还只是一种科学设想，因为找不到合适的材料来制造足够牢固的缆绳。这种缆绳必须有超乎寻常的强度，能承受大气层内外其他物体的撞击。随着近年来纳米技术的突破性进展，建造一部现实的太空电梯已经成为可能，而碳纳米管就是材料的最佳选择之一。一部太空电梯的建造成本约 100 亿美元，远低于国际空间站或航天飞机计划的成本。

## 碳“家”帅气的“儿子们”

每个碳原子有6个质子和6个电子。6个电子中，2个在内圈，4个在外圈。在外圈轨道的4个电子常常和其他原子的最外层电子形成共价键，组成分子。

石墨是一种深灰色、有金属光泽、不透明的细鳞片状固体。石墨晶体是一种层状结构：同一层晶体内各原子间以共价键相互结合，非常牢固；层与层之间以分子间作用力相互连接。这种分子间的作用力很弱，所以层与层之间容易滑动，呈现出很软的质地。

石墨各层均为平面网状结构，每个碳原子最外层的3个电子与另外3个碳原子的电子分别形成共价键，在同一平面内形成正六边形的环。这样，每个碳原子最外层仍有1个电子未参与成键，这个电子比较自由，相当于金属中的自由电子，所以石墨能导电。

碳的另一种同素异形体是金刚石。金刚石的每一个碳原子周围都有4个按照正四面体分布的碳原子以晶体结构的形式排列，碳原子之间以共价键紧密结合，且结合力很强，最终形成一种硬度大、活性差的固体。金刚石的熔点和沸点都很高，熔点超过3500℃，相当于某些恒星表面的温度。金刚石内因为碳原子所有外层电子均参与成键，无自由电子，所以不导电。

石墨和金刚石都是由碳原子构成，却一软一硬，一贱一贵，自然界是多么奇妙。

石墨的每一层都是很完美的共价键结构，而共价键有很强的结合力，

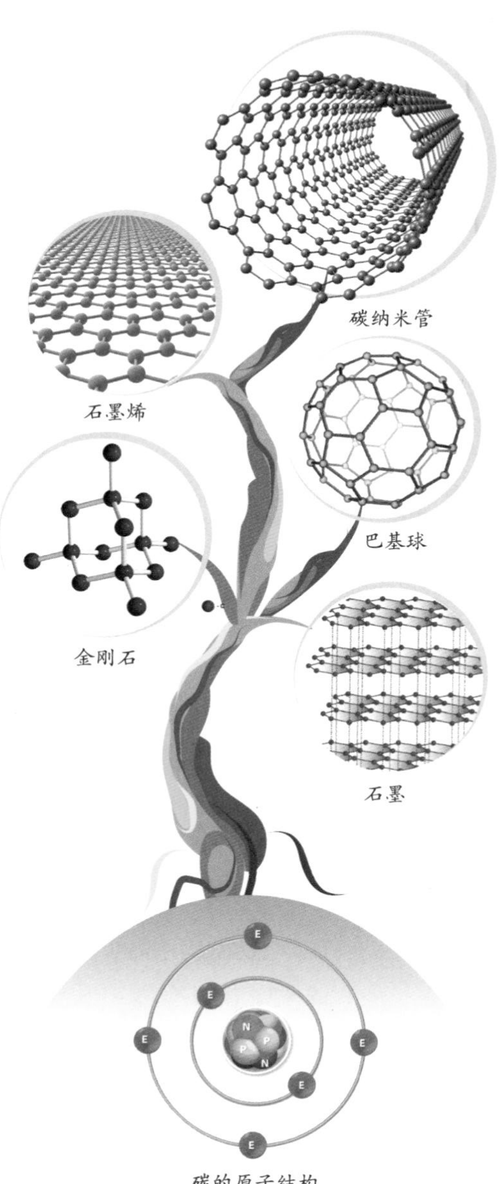

碳的原子结构

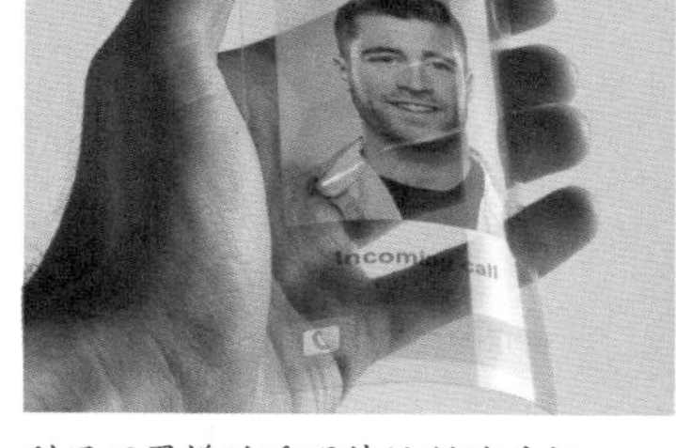

利用石墨烯的透明特性制造手机

采用石墨烯材料的超级跑车

那么，我们可以剥离一层出来，看看它的强度吗？

2004 年，英国曼彻斯特大学物理学家安德烈·盖姆（Andre Geim）和康斯坦丁·诺沃肖洛夫（Konstantin Novoselov），成功地实现了这种剥离，分离出的东西叫作石墨烯（Graphene），他们两人也因此共同获得 2010 年诺贝尔物理学奖。

石墨烯既是最薄的材料，也是最强韧的材料，断裂强度比最好的钢材还要高 200 倍。同时它又有很好的弹性，拉伸幅度能达到自身尺寸的 20%。如果用一块面积 1 平方米的石墨烯做成吊床，吊床本身质量不足 1 毫克，却可以承受一只 1 千克重的猫。

目前石墨烯最有潜力的应用是成为硅的替代品，制造超微型晶体管，用于未来的超级计算机。据相关专家分析，用石墨烯取代硅，计算机处理器的运行速度将会快数百倍。

另外，石墨烯几乎是完全透明的，只吸收 2.3% 的可见光。另一方面，它非常致密，即使是最小的气体原子（氦原子）也无法穿透。这些特征使得它非常适合作为透明电子产品的原材料，如透明的触摸显示屏、发光板和太阳能电池板。

作为目前发现的最薄、最坚硬、导电导热性能最强的一种新型纳米材料，石墨烯被称为“黑金”，是“新材料之王”，科学家甚至预言石墨烯将“彻底改变 21 世纪”。

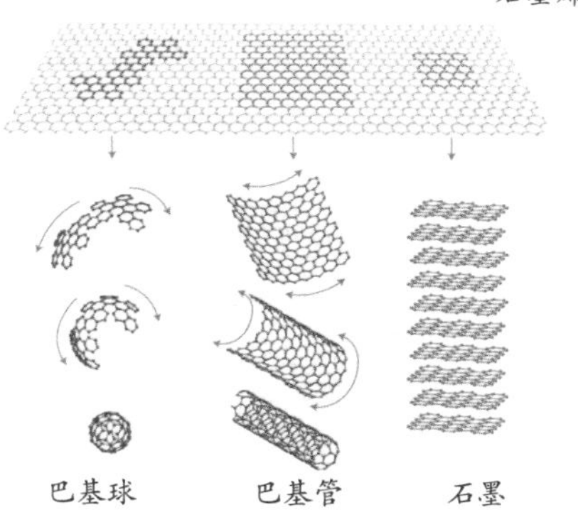


科学家进一步的研究发现，无论是巴基球还是巴基管，都可以利用石墨烯生成。正如一张白纸可以画出各种美丽的图画，在石墨烯这种原料上剪出 20 个六边形，再拼接，就可以生成一个巴基球；剪出一块长方形的原料，卷起来，就是巴基管；而将石墨烯层层叠起，叠成千层酥的样子，就是石墨了。石墨烯、巴基球、巴基管，这些新型的纳米材料花费了众多科学家的心血，最后的分子结构表述却是如此地奇妙和简练，这再次证明了一个道理——大道至简

# 第 II 章

# [纳米技术的杰作]

- 解码纳米制造技术
- 生命内部的纳米杰作
- 运载抗癌药的纳米“小船”
- 射向宇宙的暗器——纳米飞船
- 小纳米，大作用
- 未来纳米世界

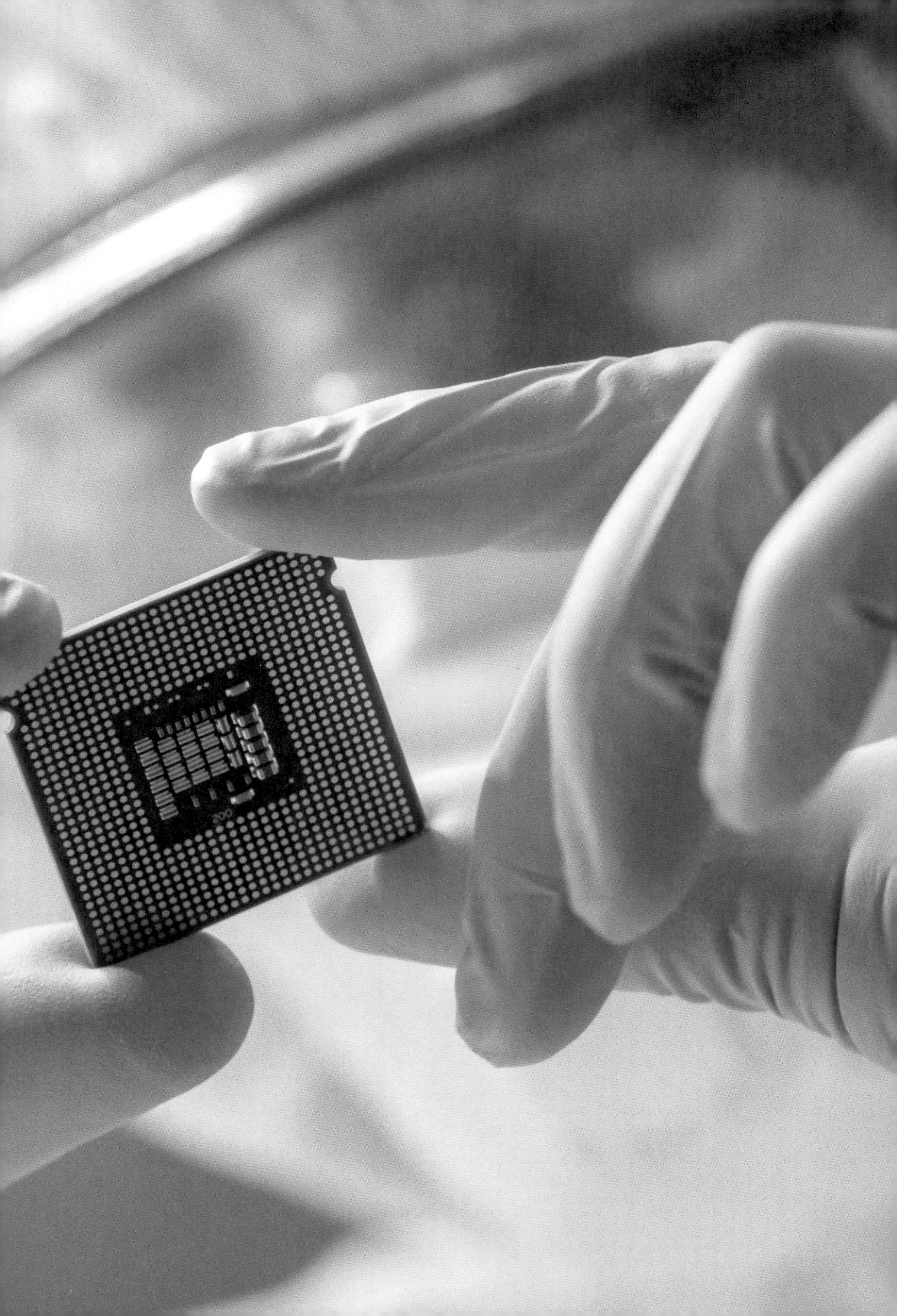

# 解码纳米制造技术

纳米是一个尺度，大自然中存在很多处于这个尺度的物体，而纳米制造技术指的是依靠人工来制造处于这个尺度上的可用的物体。

很多复杂的技术，都可以用一个最简单的句子来概括，就如爱因斯坦用一个简单的公式描述质量和能量之间复杂的转换关系一样。概括纳米制造技术，只需两个词："up-down"和"bottom-up"，也就是"自上而下"和"自下而上"。

## 自上而下的制造技术

自上而下纳米技术的工作原理是化大为小。意大利文艺复兴时期的伟大艺术家米开朗基罗（Michelangelo）的许多作品是用庞大的大理石雕刻出来的，比如著名雕像《大卫》（David）。米开朗基罗说他能"看见"石头里隐藏着的雕塑，只要将多余的部分削掉，他就可以把雕塑从石头里挖出来。

"每一块石头里都藏着一尊雕像，而雕塑家的职责就是将它挖出来。"

电脑芯片的制作采用的就是自上而下的制造技术！不过，纳米技术研究者并不是使用凿子来制作芯片，而是利用X射线或紫外线，甚至电子，在电脑芯片表层进行光蚀刻设计。

制作电脑芯片时，先在硅片内填一层薄薄的叫作光致抗蚀剂（又称光刻胶）的物质，光致抗蚀剂表

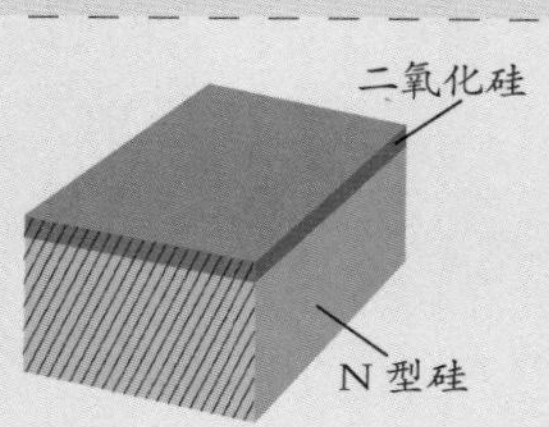


将硅片表面氧化，生成一层二氧化硅薄膜

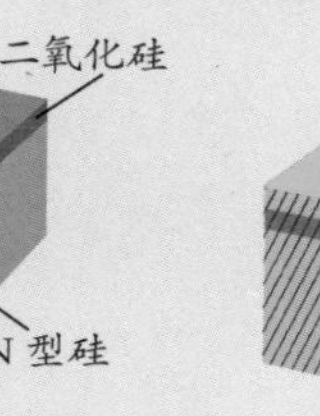


薄膜面上涂一层感光膜（光致抗蚀剂）

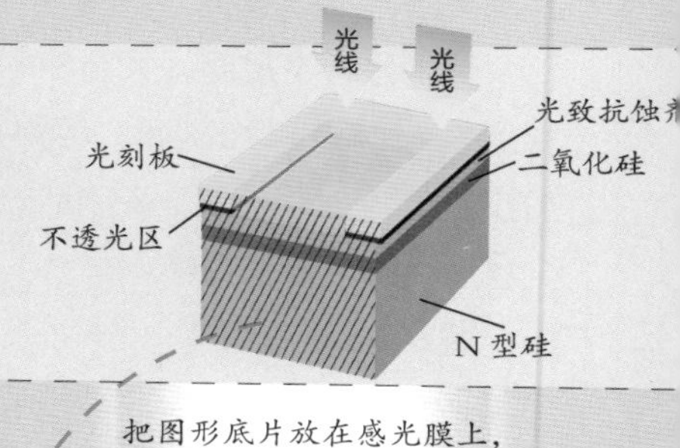


把图形底片放在感光膜上，在强光下进行曝光

层被诸如模板（光刻板）的东西盖住，然后将硅片暴露在紫外线中。光致抗蚀剂具有感光性，没有被覆盖的部分因为与光接触而液化并胶黏在一起，可被冲洗掉，冲洗后的硅片表层只剩坚硬的模板（电路图），而未被光致抗蚀剂填充的硅片则因光蚀刻作用而被腐蚀掉，将余下的光致抗蚀剂去除后，一件精雕细琢的电脑芯片也就完成了。这项纳米技术被称为“光刻技术”。

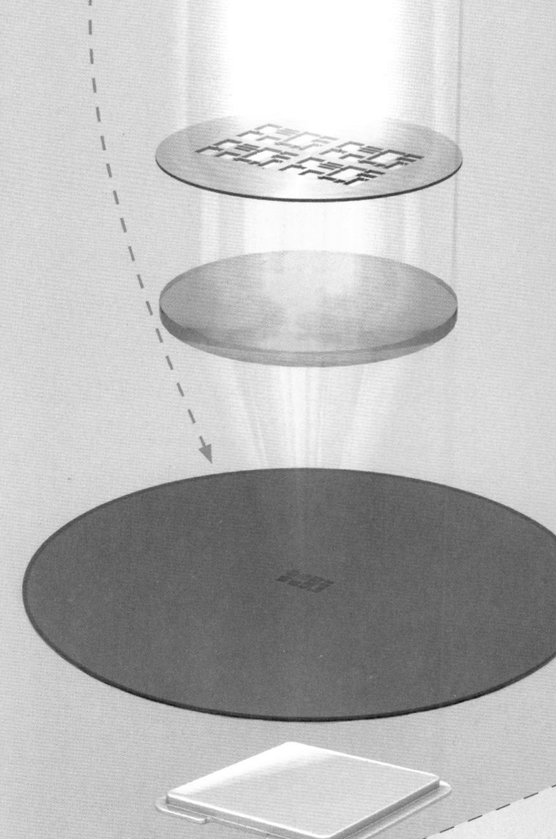

最后，晶圆上的电路被切成小片，封装在金属壳里面，并引出连线，成品集成电路就出来了

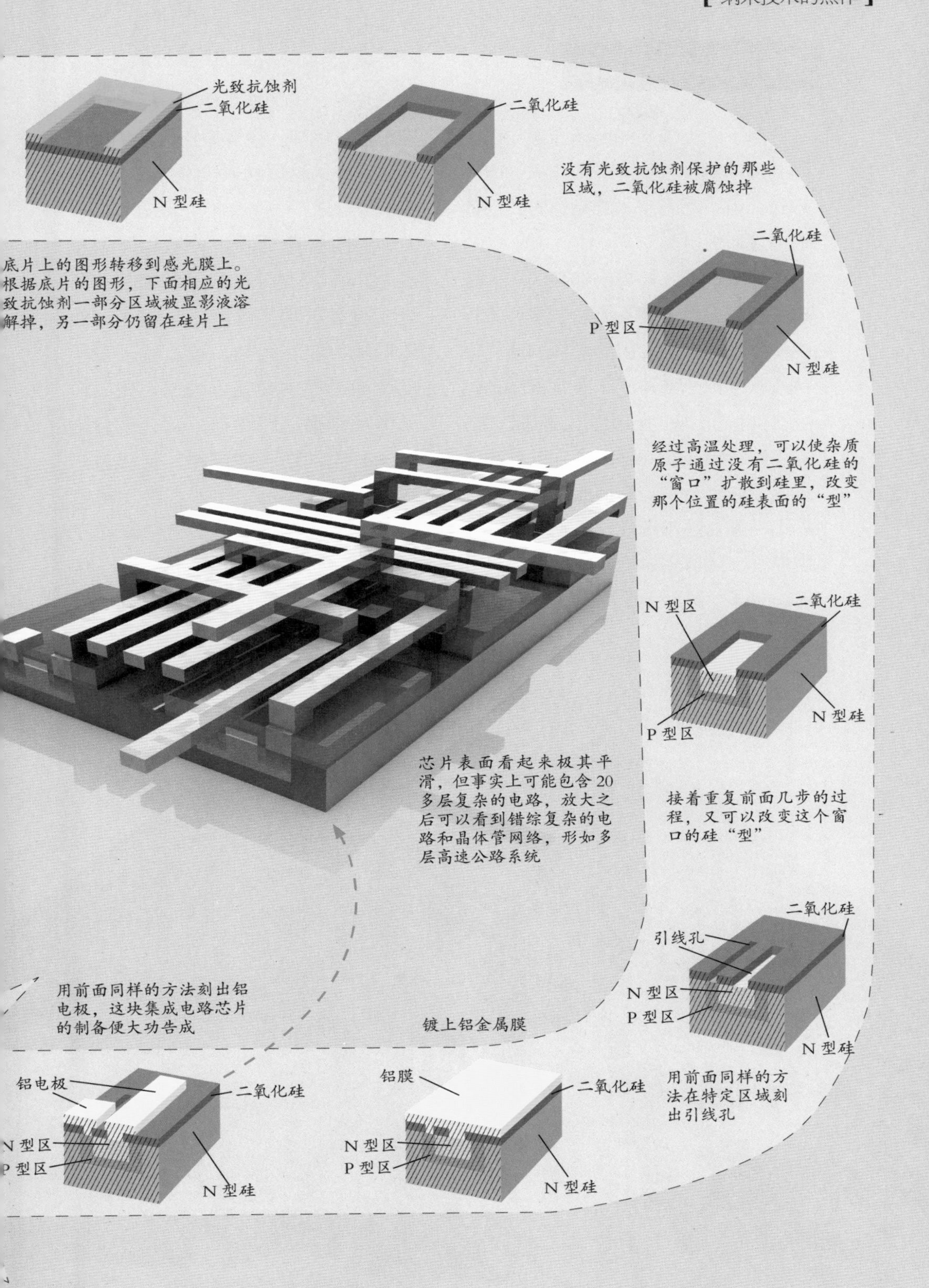
光致抗蚀剂
二氧化硅
N 型硅
二氧化硅
N 型硅
没有光致抗蚀剂保护的那些区域，二氧化硅被腐蚀掉
底片上的图形转移到感光膜上。根据底片的图形，下面相应的光致抗蚀剂一部分区域被显影液溶解掉，另一部分仍留在硅片上
二氧化硅
P 型区
N 型硅
经过高温处理，可以使杂质原子通过没有二氧化硅的“窗口”扩散到硅里，改变那个位置的硅表面的“型”
N 型区
二氧化硅
N 型硅
P 型区
芯片表面看起来极其平滑，但事实上可能包含 20 多层复杂的电路，放大之后可以看到错综复杂的电路和晶体管网络，形如多层高速公路系统
接着重复前面几步的过程，又可以改变这个窗口的硅“型”
二氧化硅
引线孔
N 型区
P 型区
N 型硅
用前面同样的方法刻出铝电极，这块集成电路芯片的制备便大功告成
镀上铝金属膜
铝电极
二氧化硅
N 型区
P 型区
N 型硅
铝膜
二氧化硅
N 型区
P 型区
N 型硅
用前面同样的方法在特定区域刻出引线孔

## 自下而上的制造技术

自下而上技术的制造原理与自上而下技术相反！不同于雕塑家的雕琢方式，自下而上技术的制造方式与建筑师建造房屋类似。

想象一下，如果由你来建造大型的金字塔，你一定不会从一整块大石中将它凿刻出来，因为那样的话，你可能永远也无法建成一座金字塔！相反，你会把小块的石头层层堆砌起来，最终建造出一座完整的金字塔。这就是自下而上技术的制造原理：将零碎的组件整合起来形成一个整体。这些组件不一定非得是石头，也可以是气体、分子，甚至单个原子。

自下而上的纳米技术已应用于火星探测车，这项技术使火星探测车的电子器件绝热，免受来自火星的极度高温影响。这项纳米技术被称作“溶胶－凝胶法”。

溶胶是在介质中分散悬浮着直径为 1~100 纳米的粒子的液体。溶胶－凝胶法利用这些纳米粒子让液体形成凝胶。通常，液态粒子在随机运动过程中会相互碰撞，如果粒子相互碰撞后胶黏在一起，就会慢慢失去流动性。在这里，硅醇盐与水（以及催化剂，比如乙醇）融合形成硅纳米粒子，这些硅纳米粒子相互胶合在一起就形成了硅胶。（中国人做豆腐可能是最早且卓有成效

地应用溶胶－凝胶法的典范。）

纳米技术专家利用这种方法将分散的分子——甚至是在其他行星上就地取材——结合在一起形成工程材料。最常见的用途是在各种物件表面生成一层特殊的保护膜。

自下而上技术也可以用于人造钻石。采用化学气相沉积技术，通过将

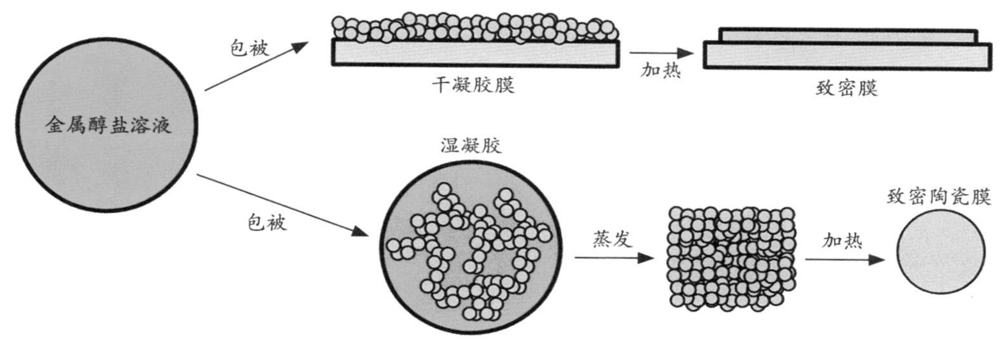


悬浮在介质中的纳米粒子，在随机运动过程中相互碰撞后胶黏在一起，慢慢失去流动性，形成各种膜状物质，这是纳米制造中自下而上的制作方法之一

## 纳米的艺术

南非艺术家、工程师乔迪·赫维茨（Jonty Hurwitz）采用纳米技术创造艺术作品。他和米开朗基罗一样，也是一位雕塑家，不过，他的雕塑作品比人的头发丝还要细小！事实上，赫维茨已经雕刻出史上最小的人体雕塑，这些雕塑太过微小，肉眼是看不见的，只有使用扫描电子显微镜才能看见它们！

赫维茨使用双光子光刻技术，利用激光雕刻出雕塑。这些迷你雕塑的原材料是一种特殊的聚合物凝胶，凝胶分子只有在同时吸收了两个光子之后才会凝聚成固态。激光通过精准定位于既定的聚合物凝胶的体素上而凿刻出坚硬的雕塑作品，这一过程与3D打印非常相似。

多余的、未固化的凝胶（没有或只吸收了一个光子）被冲洗掉，只留下迷你雕塑。赫维茨创作的作品如此复杂精细，难怪会被誉为艺术家兼科学家！

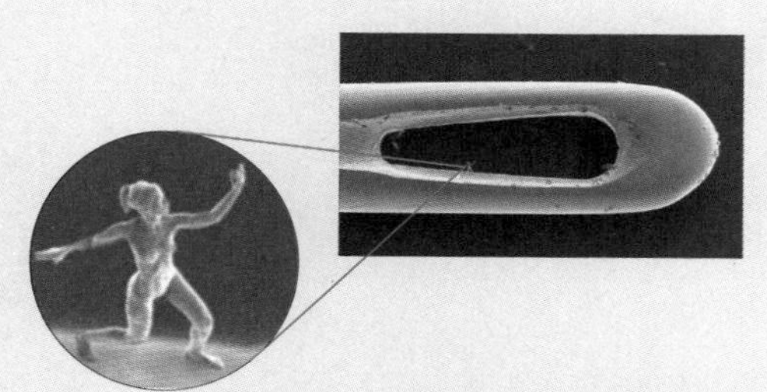

利用激光雕刻的位于针孔中的人体雕塑

面对一件创作过程如此艰巨且肉眼难以看见的艺术品，你会不会担心一不小心就把这个小东西给压坏了？遗憾的是，这正是发生在赫维茨的著名纳米雕像《特拉斯特》（*Trust*）身上的悲剧。因为一位摄影师错误的操作，这尊雕像便什么也没留下，除了一个手指印……《特拉斯特》如此微小，那个摄影师根本就不知道自己把它压碎了！

原料变成蒸气沉积在基体上使其发生化学反应，从而形成钻石的晶体结构。

伦敦纳米技术中心的钻石实验室用甲烷（化学式为 $CH_4$，由碳、氢两种元素组成）作为原料制造钻石。甲烷与氢的等离子体接触并发生化学反应后，碳原子层叠在基体上，形成钻石。

## 想做雕塑家还是建筑师？

如果你是一位纳米技术专家，你会使用自上而下还是自下而上的制造技术呢？其实每一项技术都有利与弊。

自上而下的制造技术会导致许多材料被浪费。（想想米开朗基罗削掉的那些大理石吧！）这项技术成本非常高，而且对使用的工具要求也很高。（你的工具是否足够精细？）再者，它更容易出错，并且会削弱表层材质，使其留有瑕疵。想象一下，如果你正在创作一件雕塑作品，却因为凿刻失误而削掉了一根手指，那会是多么糟糕的事情啊！

自下而上的制造技术也有它自身的问题。采用这项技术打造出来的物体结构十分坚固，但是有大小限制。你是否想象过用原子建造金字塔的画面呢？事实上，要把它建起来也是有可能的，只是完工遥遥无期。即使是非常小的建筑物也要花费很长的时间……工期长显然与浪费材料一样成本高昂。

## 纳米粒子能自我组装吗？

如果纳米粒子能够按照指令自己进行组装，那应该属于自下而上的技术。时下，纳米自组装技术正在发展中，通过该技术，人们启用安装程序设置纳米粒子进行定向组装，此后纳米粒子就可以自动完成组装。

研究表明，DNA 聚合酶可将分子组装在一起，形成 DNA 双螺旋结构，这个组装过程并不需要人们进行任何操作。了解 DNA 自组装过程以后，科学家试图模仿 DNA 自组装过程以发展 DNA 自组装纳米技术。

DNA 分子之所以能够自发地形成一些特殊的结构，是因为 DNA 序列中的各个分子之间存在相互作用力。当然，这需要科学家通过非常仔细的计算来设计 DNA 序列，比如要像折纸一样将DNA长链折叠成字母、汉字甚至表情符号。通常，科学家会先利用纳米标尺画出折叠物的形状，并设计一条长的 DNA 单链勾勒出这个形状。这条单链怎样折，全由一种订书钉般的 DNA 短链决定。研究人员必须先用电脑软件设计好所有“订书钉”DNA 的序列，从而精确确定

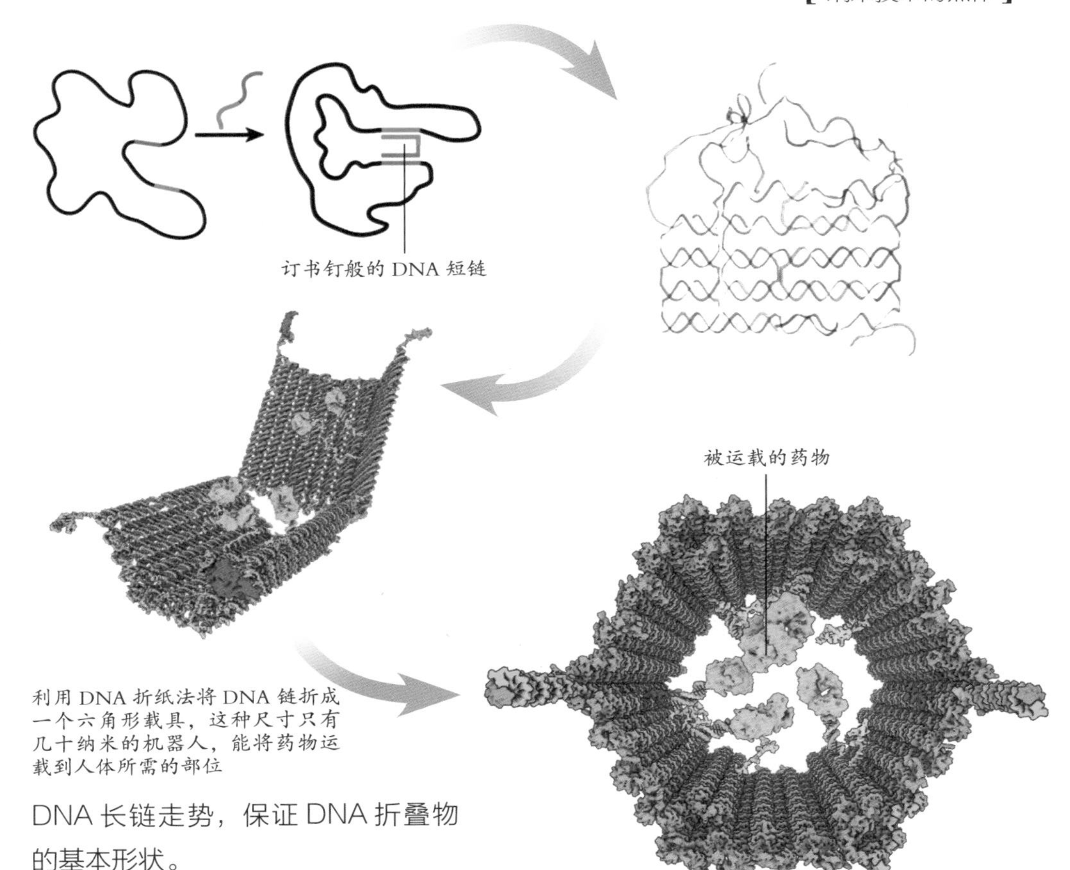


利用 DNA 折纸法将 DNA 链折成一个六角形载具，这种尺寸只有几十纳米的机器人，能将药物运载到人体所需的部位

DNA 长链走势，保证 DNA 折叠物的基本形状。

DNA 折叠的研究只是一个开端，下一步就是 DNA 纳米机器人。美国哈佛大学威斯研究所的科学家利用 DNA 折纸法将 DNA 链折叠起来，形成一个六角形载具，这种 DNA 结构其实就是一个机器人，它能够将药物运载到人体所需的部位！

用 DNA 与蛋白质制作的物体，能够直接将生物化学能转化为机械能，进而制造出具有运动、施力、感觉、信号传送等功能的纳米组件，也就是说，可以制造出纳米机器人所需的马达、接合关节、感测组件以及传输组件等。

生物纳米机器人将用于操控纳米级物质，组装或制造其他纳米级机械，并完成保养、修补、监看等工作。目前，可完全执行上述任务的生物纳米机器人已由概念进入实验阶段。

在上面这些实例中，我们看到了艺术与科学相互学习、共同发展。纳米技术有赖于科学家将其发扬光大，但纳米技术不仅仅为科学而生，最终它还会对各个行业、各个生活层次的人开放。你会用它来做什么呢？创作雕塑还是建造建筑？或者是两者兼而有之呢？

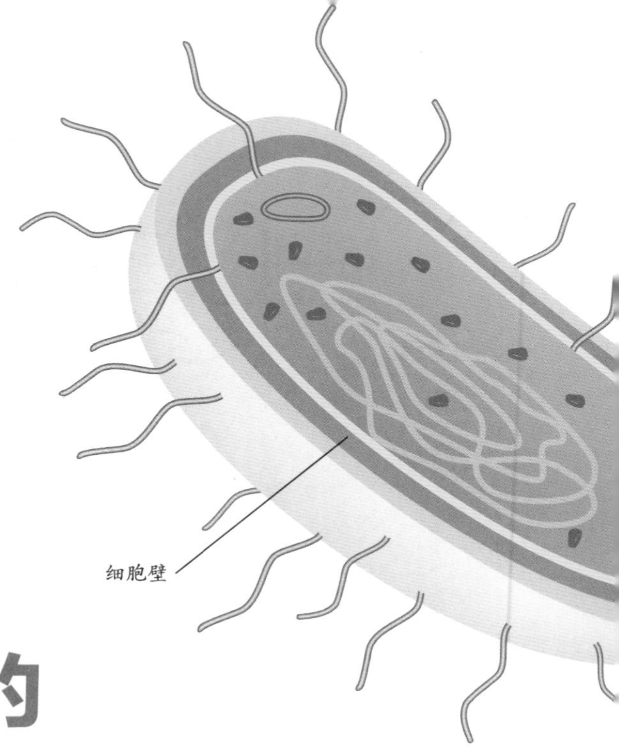


# 生命内部的纳米杰作

细胞是生物体最基本的结构和功能单位，每一个细胞就像是一座化工厂，昼夜不停地进行着化学反应，维持生物体的新陈代谢。仅凭肉眼是无法看到细胞的，直到显微镜发明之后，人类才观察到这些微小的家伙。当科学家将目光聚焦到细胞内部，观察精度提升到能够观察更小的纳米级物体时，观察到的结果令他们非常惊讶：原来这弹丸之地会聚了有史以来最成功的纳米机器。

## 最小的马达——鞭毛马达

在光学显微镜下，通常可以看到细菌迅速地移动，灵活地转换方向。那么，如此微小的细菌究竟是怎样运动的呢？其实，许多细菌表面布满了一种叫作“鞭毛”的结构，这是一种细长的丝，它可以像螺旋桨那样旋转，为细菌的移动提供动力。比如，大肠杆菌有 4~5 条鞭毛，每条鞭毛由 3 个独立的结构组成，它们分别是：鞭毛丝、鞭毛钩和鞭毛马达。

鞭毛丝是一根螺旋形的中空长管，它形态的改变会引起旋转方向的变化，从而改变细菌的运动方向。鞭毛马达横跨细菌的细胞膜，位于鞭毛丝的中央。事实上，鞭毛马达是相当小的，大肠杆菌的鞭毛马达由 20 多个蛋白质构成，直径只有 30 纳米，转速却可以达到每分钟 15 转。鞭毛钩是一根短的弯管，它在细菌的运动过程中不会发生变形，因此可以把鞭

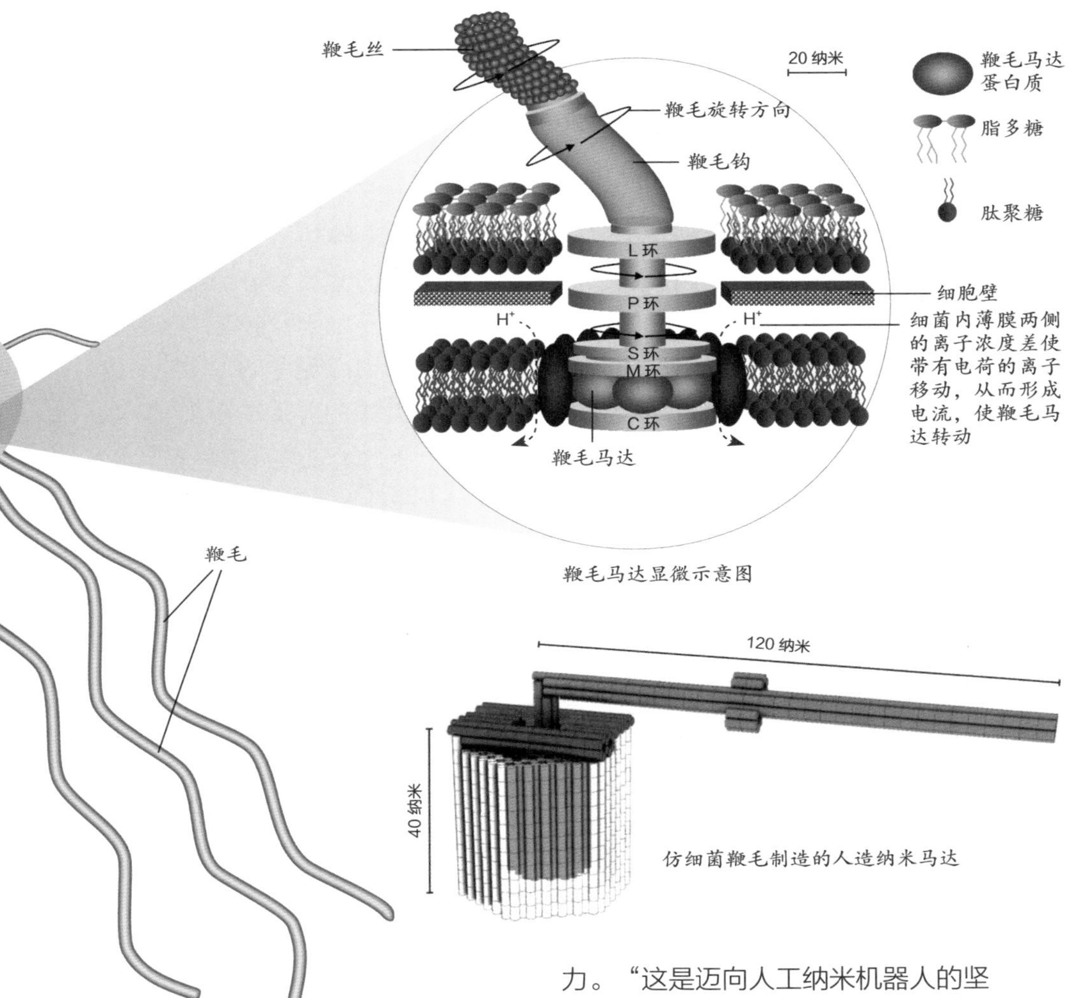


鞭毛马达显微示意图

仿细菌鞭毛制造的人造纳米马达

毛马达的运动直接传递到鞭毛丝。

在细菌鞭毛的启发下，德国慕尼黑理工大学菲利普·凯特勒（Philip Ketterer）的一个物理小组，将分子一个接一个地连接起来，构建了世界上最小的旋转马达。这个马达只有40纳米高，由3个独立部分连接起来，形成最原始的中轴和旋转桨叶。旋转马达看起来就像半个直升机桨叶，通过桨叶的旋转产生向前的推动力。“这是迈向人工纳米机器人的坚实一步。”凯特勒说，“你可以很容易想象，这种马达将用于为人体内的纳米机器人提供动力，就像许多细菌现在做的那样。”

## 纳米世界的能量源

我们日常所见的机器运转所需的能量要么来源于电力，要么通过直接燃烧石油、煤炭等化石燃料获取，或者通过人畜之力来驱动。但是，细胞内的纳米机器却与此不同，它们利用的是一种曾经被我们忽视的能量。

驱动鞭毛马达转动的能量，来源于细菌内薄膜两侧的离子浓度差。这些离子带有电荷，当它们从高浓度向低浓度移动的时候，会形成微弱的电流。这样微弱的电流甚至不能令我们的皮肤产生一丝感觉，但却足以驱动鞭毛马达转动起来，让细菌快速游动。离子跨膜流动产生的电能几乎全部转化成鞭毛马达转动所需的机械能。在机械能驱动下，鞭毛马达可以进行加速和减速，并且在瞬间完成右转和左转的切换。

当科学家把鞭毛的驱动体系应用于纳米机器时，他们已经不再局限于这种原始的微弱电流。比如，凯特勒已经不再用“马达”来描述他的团队创造的这种纳米机器了，这是因为这种装置的运动其实是在能量的驱动下自发进行的——通过控制周围环境中分子的不规则碰撞，汇集驱动分子旋转运动所需的能量。不过，这种旋转基本上是由分子间的碰撞驱动的，这意味着，科学家现在还没有办法完全控制其开关，而且他们也不能决定其旋转方式。

此外，原子间的相互吸引或者排斥、分子的无规则运动等，也有望成为生物体内纳米机器的能量之源。历经了数十亿年的进化后，生物利用这些在纳米尺度上起作用的特殊力量，实现了自身的高度优化。

## 分子自组装

如何在纳米这个微小的尺度上组装机器，对于粗笨的人类来说可是个难题。好在纳米机器的组装常常是不需要外力的，也就是前文讲到的自组装。一些分子会自行聚集，形成规则的结构，比如细胞中的 DNA 分子就可以通过自发的折叠来实现自组装。

DNA 分子之所以能够自发地形成一些特殊的结构，是因为 DNA 序列中的各个分子之间存在着相互作用力。当然，这也需要科学家通过非常仔细的计算来设计 DNA 序列。通常，科学家会先利用纳米标尺画出折叠物的形状，设计一条长的 DNA 单链并勾勒出这个形状，再用一些“订书钉”——短的 DNA 片段来固定 DNA 长链，保证 DNA 折叠物的基本形状。凯特勒的分子马达就是 DNA 折叠技术领域的一项最新研究，他们用 DNA 制作了“夹板”

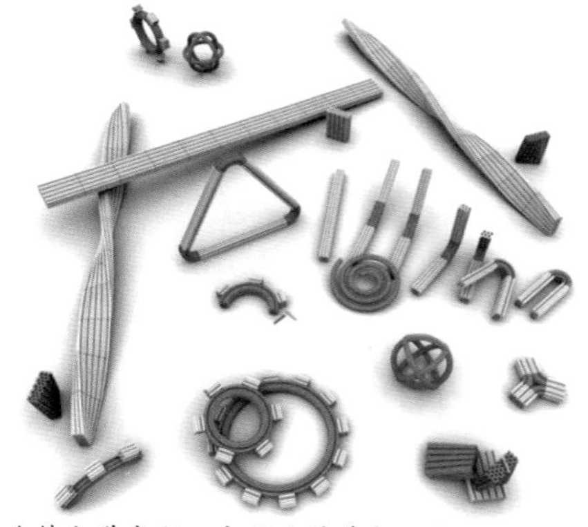

哈佛大学威斯研究所的科学家通过 DNA 折纸法制造的一组纳米尺度的小齿轮、管、线框球等模型，科学家可以用这些部件制造更复杂的纳米机器

和“砖块”，然后拼成多种多样的迷你机器。通过设计不同的DNA序列，科学家可以构造出非常复杂的纳米结构，这些结构在纳米领域有着非常广阔的应用前景。

美国威斯康星大学的埃德·史密斯（Edde Smith）在《自然》杂志有关DNA折叠的一篇评论中写道：“这项研究显示的结果确实令人吃惊不已。如果我们有能力用DNA做出所需的形状，我们就可以用它们做更有用的物品，而且在制作过程中，还可以对DNA的结构有更多了解。”美国纽约大学纳米技术专家纳定·赛门（Nadrian Seeman）说：“从某种意义上讲，‘DNA折叠’是一项革命性突破，它确实改变了人们做事的方法。这项技术可以为微电子部件搭建平台，也可以加入酶，形成一个微小的蛋白质工厂。”

除了DNA折叠，分子自组装还可以应用于生物材料领域。比如，DNA树枝状大分子的自组装体系可以用来模拟染色体中DNA与组蛋白的折叠过程。由于这种自组装体系中的DNA可以免于降解，因此可以把这个体系应用于基因治疗和生物医学领域。另外，DNA和蛋白质的自组装过程，不但能保证生物分子的独特的生物功能，还能作为生物体信号通路传导的一部分。这些都为生物信息、电子科学的发展提供了最为原始的纳米级材料。

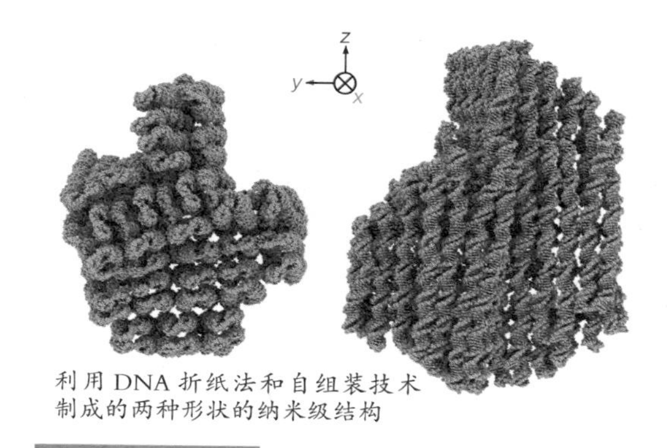

利用DNA折纸法和自组装技术制成的两种形状的纳米级结构

## 纳米级仿生

生物内部如此神奇的纳米级杰作，自然逃不过仿生科学家与工程师的法眼，而对于纳米技术最直接的应用，就是利用这些生物内部已经存在的纳米结构和零件，按照人类的意愿，拼装成需要的纳米产品。人造病毒就是绝好的例子，它由基因、蛋白质壳体、脂类包膜组成。人为地对病毒体进行操作，将病毒体组装成包含药物或者催化剂的纳米机器，可以准确地找到需要治疗或干预的细胞或组织，将药物或者催化剂投放到细胞或者组织中。与此类似，受到细胞器的启发，人们还将简单的脂类囊泡制成功能化的纳米囊，用于准确地向人体内输送药物或疫苗。

随着对生物体内纳米世界的了解越来越多，科学家可以设计出更多的用于医疗、环保以及其他领域的人造纳米机器，它们的动力将如同生物体内原有的纳米机器一样，来源基于纳米世界的特殊物理学，这样也将节省地球上日渐枯竭的自然资源。

# 运载抗癌药的纳米“小船”

微风中，海浪一层层涌上沙滩，午后的阳光暖融融的，照在每个人身上，海边野餐让我们感到惬意。

“Everybody gets on board now？”这是安迪的习惯用语，每次他想知道别人是否明白他的意思时，他总是问“每个人是否上船”。

安迪是L大学工程学院的教授，他有着高高的个子、中分的褐色头发，与电影《肖申克的救赎》中那个安迪还真有几分相像。我和安迪已经合作三年了，每年夏天，他的纳米研究小组与我的肿瘤干细胞研究小组都要去一次美国北卡罗来纳州的外滩群岛。一方面是为了放松一下，调节我们紧张的生活节奏；另一方面，也是为了

加强两个团队之间的沟通，便于更好地合作。这一次，我们一行 9 人又来到这里，在海滩的一处烧烤区野餐。烧烤区是美国公园里常见的专门提供野餐的地方，我们选择了靠近几块大礁石的连体木桌凳，一边野餐，一边讨论我们的研究课题。

“其实，”安迪接着说，“我们这次在实验室里合成的是黄金纳米，而且是多面体结构。黄金制成的纳米颗粒性质更加稳定。嗯，至于多面体，不用我说，你们一定都知道，多面体纳米结构的比表面积会成倍增加，也就是说，我们这艘纳米‘小船’能装载更多的抗癌药物分子，至于它的效果……” 安迪微笑着将期待的目光转向我，“嘿，谷之，那是你们的事，而且我知道，你们会干得更加漂亮。”

安迪讲话时，我一直盯着安迪身后不远处的船坞，那儿停靠着一艘可以载 10 个人的小船，我们租来这艘船准备出海去玩儿。

一条缆绳将小船拴在船坞的锚桩上，阳光照在小船上，轻轻晃动的船身使得船头的金属栏杆不时地闪着刺眼的光。一时间，我的脑海里闪现出电影《肖申克的救赎》最后的画面，仿佛看见安迪半跪在海边那艘小船上，正在费力地解开缆绳。

“是的，安迪，你的纳米‘小船’听上去真不错，至于它的效果如何，交给我们来验证吧。”我从电影《肖申克的救赎》的画面回到现实，答道。

我从事癌症研究多年，目前正在急切地寻找一种性质稳定的纳米材料，用来运送抗癌药物。所以我们两个研究小组都形象地将纳米材料比作小船。

认识安迪是在三年前，我去芝加哥参加 AACR 大会（美国癌症研究协会年会）的时候。在那次会议上，工作于 L 大学工程学院、从事纳米材料研究的安迪展示了他的研究成果。那是一些可以和药物分子结合的金属纳米小颗粒。令我尤为欣喜的是，安迪合成的金属纳米小颗粒有很好的生物亲和性。也就是说，原本属于金属的物质，比如，金、银、镁等，经过特殊处理变成纳米小颗粒后，表面被包上一层壳聚糖（一种从海洋生物中提取的有机物质，许多海洋生物都含有壳聚糖，如螃蟹），就可以很好地和人或动物体内活的细胞结合了。

这些纳米材料对于从事癌症研究的我来说，无疑有着巨大的吸引力，因为一旦抗癌药物被装载，纳米“小船”就会载着药物驶往肿瘤细胞聚集的地方，并将药物投放在那里，这样会极大地提高药物的抗癌效果。于是，我对安迪谈起了我的想法，并商量着合作开展研究。安迪研究小组的工作就是设计各种纳米分子，并将抗癌药物装入纳米分子中。而我的研究小组的工作就是调查、验证这些由纳米分子运送的抗癌药物的治疗效果。经过三年的合作研究，我们已经反复验证了安迪提供给我们的几个批次的纳米分子，但是实验结果并不理想。这次的黄金纳米颗粒，是安迪小组近半年的研究成果。我们小组，尤其是琳达，是多么希望这些黄金纳米颗粒能符合我们的要求：运送的抗癌纳米药物分子不仅可以杀死普通的肿瘤细胞，而且可以杀死产生肿瘤的罪魁祸首——肿瘤干细胞。

“琳达，你不是期待很长时间了吗？”我问这话时，对面的琳达正拿着一把小刀切她盘子里的烤肉。

琳达没有回答我的问话，却在那边大声叫了起来：“嘿！快走，小心我切了你的尾巴。”原来是一只小蜥蜴爬上木桌，正经过琳达的盘子。围坐在木桌旁的我们见状都笑了起来。

琳达闪着那双蓝眼睛，挥舞着手中的小刀，说：“嘿，我知道你不害怕，你这尾巴上有干细胞的家伙。”

琳达说得没错，一些种类的蜥蜴身上存在一些特殊的细胞，叫作“干细胞”。当蜥蜴的尾巴断掉后，这些干细胞就会活跃起来，紧密地排列在伤口处，开始分裂、生长并成熟，发育为不同的组织和器官，如骨骼、肌肉、皮肤等，然后按照蜥蜴尾巴细胞原有的规律排列起来，这样蜥蜴就会生出一条新尾巴。正常的干细胞对机体是有好处的，但是琳达正在实验室研究一种不好的干细胞，叫作“肿瘤干细胞”。肿瘤干细胞和正常的干细胞有很多相似之处，但产生的结果却截然相反。当治疗癌症病人时，我们采用化疗药物，或进行放射治疗，来杀死大部分肿瘤细胞，但是如果有残留的肿瘤干细胞存在，肿瘤还会卷土重来，就如同蜥蜴生出一条新的尾巴一样，会长出新的肿瘤。因此，杀死肿瘤干细胞是治疗癌症的关键。

最近几年，肿瘤干细胞成为癌症研究的热点。肿瘤干细胞有个最

专门疗法杀死肿瘤干细胞，肿瘤细胞随之凋亡

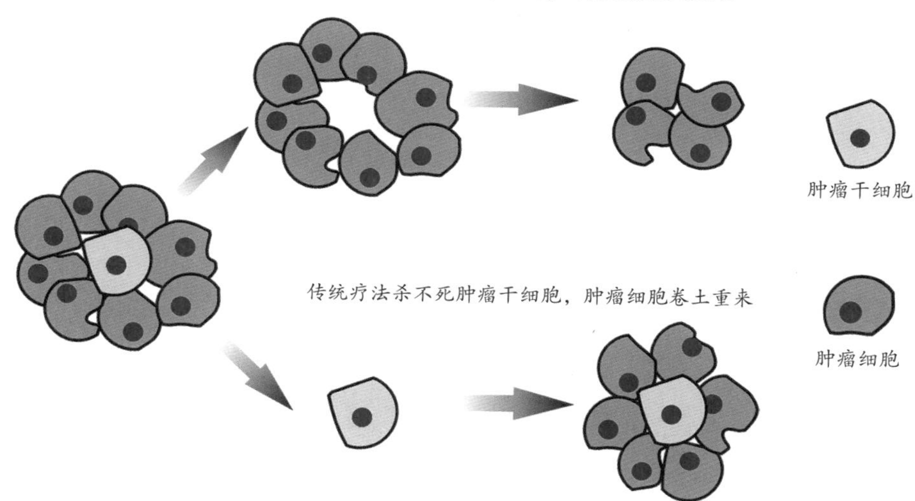


大的特点——具有很高的抗药性，也就是说，一般的抗癌化疗药物在相对低的浓度（人体正常细胞可以耐受的浓度）下不能杀死它们。

那时，琳达小组已经通过筛选找到了几种可以杀死肿瘤干细胞的药物分子，但令我们沮丧的是，这些从植物中筛选出的药物分子，仅能作用于体外培养的肿瘤干细胞。当把这些药物分子注入实验用的移植瘤小白鼠的体内时，这些原本在体外细胞实验中有效的药物分子，并没有如我们预料的那样杀死小白鼠体内的肿瘤干细胞。经分析，主要原因在于进入机体后，一部分药物被代谢（分解）掉了，一部分进入了正常细胞，只有一小部分进入肿瘤干细胞，达不到有效的药物浓度。麻烦的是，如果我们提高用药的浓度，这些药物在杀死肿瘤干细胞的同时，也会杀死小白鼠。

与安迪的合作，让我们看到了希望。从理论上讲，纳米“小船”可以定向运载药物分子，避免药物中途被分解，同时避免正常细胞吸收药物，保证药物分子直达肿瘤干细胞处。

然而安迪前几个批次的纳米“小船”并不稳定，在还没有到达体内的肿瘤干细胞之前，有的“倾覆”（被机体分解）了，还有的“泄漏”（药物分子从纳米颗粒中跑掉）了。

琳达转向坐在她身旁的安迪：“你的‘黄金船’已经装载完毕了？”

安迪点头示意：“是的。”

“你打算怎么‘驾驶’它们？肿瘤干细胞也许会跑到血液里或者混在正常细胞中。”琳达的蓝眼睛忽然变得深邃起来。

安迪抬起头，看着我笑，我也会心地笑了。安迪将头转向琳达，带着一丝诡异的笑容说：“嘿，琳达，你

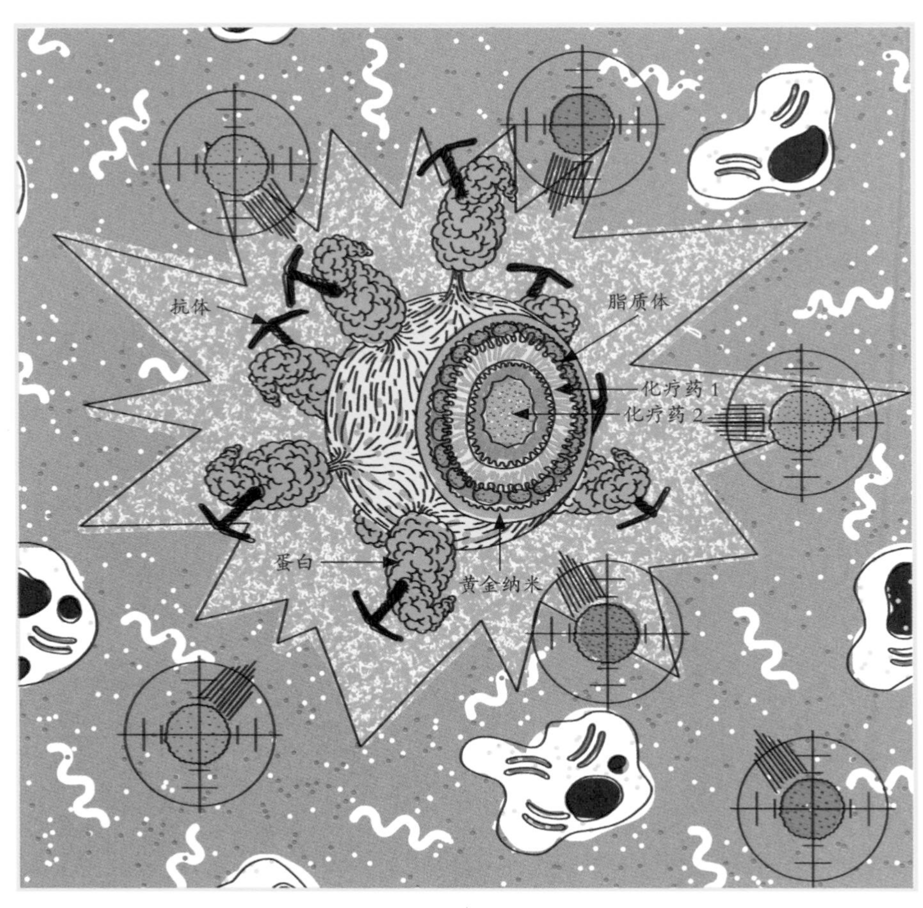


黄金纳米表面的抗体遇到肿瘤干细胞表面特有的蛋白质，会跟它牢牢结合在一起。黄金纳米以此定位肿瘤干细胞所处位置，直接释放药物分子

来时是坐在谷之教授的车的副驾驶位置吧？”

“是的，可是，这与杀死肿瘤干细胞有什么关系？”琳达诧异地看着安迪。

“是这样，这一次，安迪小组合成的黄金纳米安装了定位导向，能够将药物分子直接运载到肿瘤干细胞处，就像汽车靠 GPS 导航将我们带到海滩一样。”我笑着向琳达解释。

“是的，”安迪接过话茬，“我们将一种肿瘤干细胞表面特有的蛋白的抗体装配在了黄金纳米的表面。你知道，抗体遇见与它匹配的蛋白质，就会跟它结合。由于黄金纳米的表面有了这种抗体，只要黄金纳米遇到肿瘤干细胞表面特有的蛋白质，就会跟它牢牢结合在一起，就像，就像……哦，就像缆绳将纳米‘小船’拴在了锚桩上，肿瘤干细胞想跑都跑不掉。”安迪转过头，指着远处我们租来的那条小船，语气十分得意。

“黄金纳米的好处还不仅于此哦！”安迪接着补充道，大家也都期待地看着他。

“黄金纳米不仅可以安装定位导航，还可以控制药物的释放。我们的研究数据显示，黄金纳米在红外线（808 纳米波长）的照射下，可以产生热量。” 安迪再次转过头，指着远处我们租来的那条小船，小船依旧在那里轻轻晃动，船头的金属栏杆不时闪着刺眼的光。安迪的语气变得更加得意。

“女士们，先生们，一会儿我们会登上那艘小船，我相信你们可以光着脚踩在甲板上，但是没有人愿意碰船头的金属栏杆——那栏杆吸收了太多的红外线，一定非常热，甚至会烫伤你们的手；而没有吸收过多的红外线的木甲板，则会让你们的脚很舒服，对吗？”安迪转过头，接着说。

“目前，我们正在制作下一个批次的黄金纳米，准备利用红外线产热的原理，实现药物的释放控制。也就是说，只有当黄金纳米‘小船’到达准确的肿瘤位置时，我们才利用红外线照射肿瘤部位，黄金纳米‘小船’吸收了红外线就会被加热，使船上装载的药物在那儿被释放出来。也许还会有些‘小船’不能准确地到达肿瘤位置，仍停留在正常组织中，但这些‘小船’不会卸载药物，因为正常的组织没有受到红外线照射。这样，就可以大大减少抗癌药物对正常细胞的损害。”

我看得出，听了安迪的这番话，围坐在木桌旁的所有人都很开心，大家都期待着我们这三年来的努力能够有个好的结果。

我看着琳达身后蓝色的大海和那艘等待出发的小船，说：“太好了，伙计们，我想我们的肚子已经饱了。现在，let's get on board。”

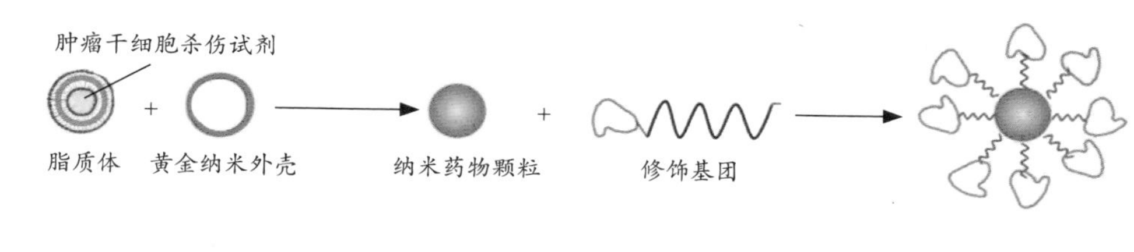


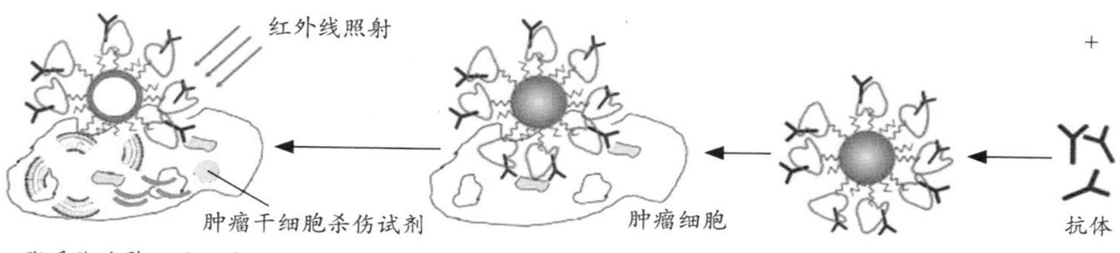


黄金纳米杀死肿瘤干细胞的流程图

# 向宇宙的暗器
## —纳米飞船

从20世纪50年代开始，人类发射了大量的飞行探测器，去探索我们所在的太阳系。我们向行星（水星、金星、火星、木星、土星、天王星、海王星）、小行星、众多卫星和彗星发射了探测器，还有为数不多的几个探测器飞出了太阳系，朝着更遥远的星空飞去。

要使发射的飞行器绕着地球旋转，飞行器的初始速度一定要超过第一宇宙速度——7.9千米/秒。

要使发射的飞行器挣脱地球引力飞向其他行星，飞行器的初始速度一定要超过第二宇宙速度——11.2千米/秒。

而要使发射的飞行器逃离太阳系，飞行器的初始速度一定要超过第三宇宙速度——16.7千米/秒。

第三宇宙速度有多快？上海到北京的直线距离约1088千米，如果用第三宇宙速度飞的话，1分钟就到了。你在北京沏好一壶茶，我从上海赶来，1分钟就到，其茶尚温，这就是未来的“温茶京沪会”。

但是，这个在地球上让人无法想象的神速，放到宇宙的尺度上，还是太慢了。

人类发射的太阳系外探测器中，速度最快的是1977年9月5日发射的旅行者1号探测器，运行速度约为17千米/秒，已超过第三宇宙速度。北京时间2014年9月13日凌晨2点，美国国家航空航天局（NASA）召开新闻发布会，宣布37年前发射的旅行者1号探测器已经离

开太阳系，正在飞向别的星系。离太阳系最近的恒星半人马座α星C（比邻星），距离地球大约有4.2光年。这意味着从地球发射一束光（光速约30万千米/秒），需要用4年多的时间，行进39万亿千米，才能到达这颗距离我们最近的恒星（除太阳外）；而用第三宇宙速度飞行的话，则需要7.4万多年。第三宇宙速度仅相当于光速的0.006%，两者相比就是蜗牛和兔子赛跑。

所以，如果飞船的速度无法接近光速，一个人在有生之年搭乘飞船去探索另一颗恒星就是不可能实现的。

那么，有没有办法将飞船的速度提升到接近光速？科学家的探索可谓五花八门，纳米飞船就是其中一个异想天开的想法。

因为现有的粒子加速器可以将微小的粒子加速到接近光速，有些科学家就大胆设想：

“能不能把飞船缩小，小，小，小……就像孙悟空在东海龙宫见到如意金箍棒，把擎天柱缩小到绣花针大小。”

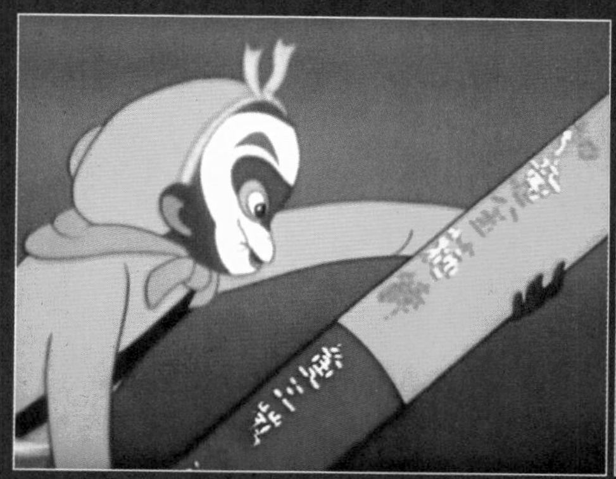

如果飞船缩小到纳米粒子大小，人类就可以利用类似粒子加速器的技术，把它加速到接近光速！纳米粒子那样大小的飞船已经完全不像我们常见的飞船了，更像武侠小说里的暗器！这种用于星际空间探索的微型飞船（或称“纳米飞船”），当然不是用来载人的，而是人类射向宇宙的“暗器”，去探知浩瀚宇宙的奥秘。

纳米飞船不但像孙悟空的金箍棒，还像他的毫毛。孙悟空拔一把毫毛变成千千万万的小猴子，科学家也将成千上万的纳米飞船同时发射入太空。每个纳米飞船都配有微型传感器。单个传感器不是很智能，但众多传感器一起协同工作就能传回大量数据，就像蚂蚁聚集在一起能够构建复杂的蚁巢，能够完成复杂的任务。如果有少量的纳米飞船有幸找到我们感兴趣的天体，就会把数据发回地球，我们再派遣更多的纳米飞船进行深入探索。

那些曾经在神话小说里才出现的画面，可能在不远的将来就会实现。2016 年 4 月 12 日，英国物理学家霍金（Stephen Hawking）和科技业巨头米尔纳（Yuri Milner）共同宣布，数名世界顶级科学家和科技界实业家将合作开展一项太空探索计划，该计划将开发飞行时速高达 1.6 亿千米的无人太空探测器，并于 20 年内

母船在高空轨道上释放出纳米飞船

激光器阵列能产生并存储 10 亿千瓦·时的能量，为每一次发射提供动力

母船载着数千艘纳米飞船预先被发射到地球高空轨道，并在高空轨道上逐一释放出纳米飞船。地面的激光器对准释放出的纳米飞船，射出激光，令其加速到光速的 20%

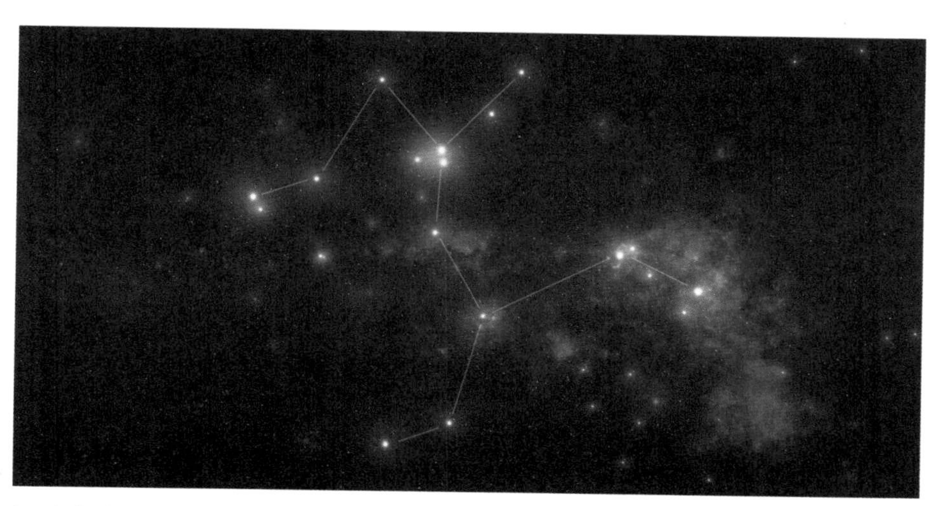

抵达离太阳系最近的星系——约4.2光年外的半人马座α星系。

这个名为“突破摄星”(Breakthrough Starshot)的计划已经获得高达1亿美元的研究经费，由美国国家航空航天局的科学家沃尔登(Peter Worden)带领，包括霍金、米尔纳以及脸书创始人扎克伯格(Mark Zuckerberg)在内的委员会将负责监督该计划的落实。

“突破摄星”计划将建立一个大小约1千米的激光器阵列，能产生并存储10亿千瓦·时的能量，为每一次发射提供动力。载有数千艘纳米飞船的母船预先被发射到地球高空轨道，并在高空轨道上逐一释放出纳米飞船。位于地面的激光器对准释放出的纳米飞船，射出激光，令其加速。激光能使飞船速度在几分钟内达到光速的20%。

纳米飞船本身非常小，属于克量级的晶片，飞船内部包括照相机、光子推进器、电源、导航和通信设备等，是一个功能齐全的空间探测器。接受激光推力的纳米光帆由神奇的纳米材料制造，光帆展开有数米长，却仅有几百个原子的厚度。

并非所有纳米飞行器都能抵达半人马座α星系，有一些可能会被星尘撞毁。有价值的数据会通过飞行器上的一个激光通信系统传回地球。

“突破摄星”计划如果成功，将是人类史上规模最大、最富雄心的科学探索项目，并将人类与另一个星系相联系。而这一切，可能会在我们的有生之年实现。

曾经警告与外星生物联络有风险的霍金，解释了他为什么要参与这个全球最有野心的寻找宇宙生命的计划：“地球是一个美妙的地方，但也许不能永久。我们迟早必须转向其他行星，‘突破摄星’是这场旅程非常激动人心的第一步。”

# 小纳米，大作用

*小技术有什么了不起？你看不见它，它也不会发声，更没有气味。即使摸到它，你也不会知道。纳米技术太小太小了，我们很难看出它是如何融入我们的生活的。*

*不过，我就是来帮助你们理解这些小技术的。接下来，我会讲到三个东西，这三个东西将说明纳米技术对人们生活的改善。阅读每个东西的简短说明，然后判断这些小东西在未来发挥作用的大小，并为它们划分等级。哪一个想法是“鲸鱼”？哪一个会是“鹰”？而哪一个仅仅是一只“小虫虫”？*

## “扳手小姐”——分子需要修理啦

说起我们生活的这个“大而广阔的世界”，关于它令人敬畏或惊叹之处，每个人都可以滔滔不绝。然而，我们同样可以滔滔不绝地谈论我们生活的这个“小至迷你的世界”里让人敬畏或惊叹的地方。

嘿，快别笑了！这可不是什么愚蠢的想法。从夸克到电子，从原子到分子，再到高分子，再大到你和我、高山以及头顶的蓝天，我们周围的每一个物体都是由一个个微小的物质构成的。科学家发明了技术和工具让我们了解所有“大”的物体。现在，他们正在致力于观察这些“小”的东西。

假设你想把一个广角摄像头安放到机器人的眼眶里。要确保镜头安放到位，你可能会用上螺母和螺栓，并用扳手把镜头固定。现在，假设你要合成或者制造一种新的抗癌物质，已经做好了所有分子部件，但没法把它们有序、牢固地组装在一起，你会怎么办？试试分子“扳手小姐”吧，让它来完成这些最细微、最困难的工作！

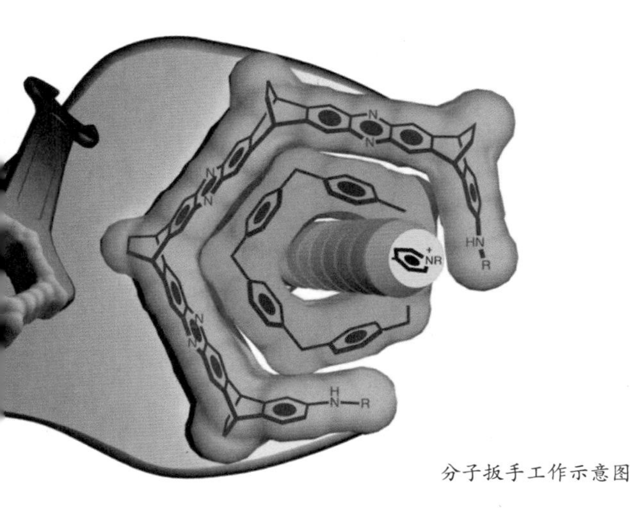


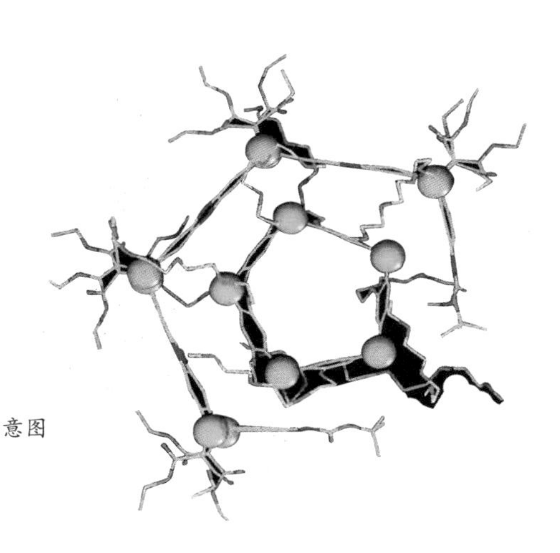

分子扳手工作示意图

这个“化学合成家”的新工具是一个分子，它“像是一个真正的扳手”，它的一位发明者如是说。而它同真正的扳手只有一个细微的差别——这个分子扳手的 C 形开口只有 1.7 纳米宽，仅约人类头发直径的十万分之一。

也许你会问，这有什么了不起的？哦，当科学家试图合成新的化合物时，他们很难知道各个分子碰到一起会发生怎样的化学反应。许多化学物质可能有相同的化学通式，但是它们的结构式却可以千变万化。它们可以弯曲、旋转成不同的形状，而化合物的不同形状就意味着呈现不同的性质。你可能想合成一种塑料那样的柔性材料，来制作更坚固的自行车头盔，但是最终得到的也许是一团胶状黏土，这真令人沮丧。

美国佛蒙特大学化学家塞韦林·施内贝利（Severin Schneebeli）博士在发布该发明的消息时说道，这个分子扳手“完全保持了分子的原形”。这个扳手可以又快又精准地钳制出纳米尺度物体的任何形状，有望成为订制分子的得力工具。美国佛蒙特大学的研究人员进一步解释说：“这个扳手由分子组成，分子和分子只沿着同一个方向结合，形成 C 形的分子条状结构。就像乐高玩具一样，分子紧密地咬合在一起。”

现在研究人员正在研发该扳手的新的钳制形状。目前，他们正在设法制作一种特别的螺旋状。它会和真正的弹簧一样具有弹性，并且能在高压下保持原形。

“从全局来讲，”施内贝利说，“这项工作把我们引向了新的合成材料领域，而它们所具备的性能是现在的材料无法企及的。”这可完全不是“小”事情啊！

## 把漏洞堵住!

一颗牙齿看起来很简单，但实际上它是由一层又一层的材料组成的。最外面的一层是牙釉质，它是牙齿坚硬的外衣，能咀嚼各种食物。牙釉质是人体最坚硬的部分，甚至比头还硬。啊，我的意思是，比骨头还硬。

接下来的一层叫作牙本质，它是牙齿的主体部分。牙本质也比骨头硬，但没有牙釉质硬。它有一种成分为钙和磷酸盐的晶体组织。牙本质包围着牙髓腔，而牙髓腔里“居住着”牙齿的神经末梢。牙釉质和牙本质一起保护着这些神经末梢，但有时“守卫们”一不小心没有守护好，你就“哎哟”了!

冷饮或者比冷饮更糟糕的细菌是如何侵入牙齿内部的呢？尽管牙釉质很坚硬，但在显微镜下观察还是有裂缝的。此时，牙本质天生的结构弱点就暴露出来了。

牙本质层布满了纳米级的小管。在牙本质表面，小管一开始表现为直径约 1~4 微米的小洞，然后形成一个通道，穿越牙本质层到达牙髓腔。攻破牙釉质防线，直抵小管的“侵入者”们就可以通过这个通道直接穿透牙齿，攻击牙齿的神经末梢和牙根。

所以科学家就想：嘿！塞住一个纳米级的小管能费多大劲儿呢？好吧，他们做了尝试，但是遇到了大麻烦。

其中一种方法就是在小管附近制造小型气泡内爆。希望内爆产生的机械力可以驱使气泡内的微粒进入到小管开口处并将之堵塞。然而这招并不管用。

另一种方法是尝试在牙齿上涂一层氟化钙与羟基磷灰石（该物质的分子结构与牙本质中的无机物类似）或生物活性玻璃的混合材料。这种方法很有前景，但是它无法立马起效，一些简单的物理效应把这些混合材料阻挡在小管外面。研究人员通过扫描电子显微镜发现，这

些亚微粒子倾向于聚集成团。大致说来，就是这些粒子相互吸引，聚集在一起，没法挤进细细的小管。

英国伯明翰大学的科学家在这个方法上增加了一招，即给亚微粒子穿上了“夹克衫”，它们便不再聚集了。科学家使用的是涂有表面活性剂的二氧化硅球。表面活性剂如同夹克衫，包裹着二氧化硅纳米粒子。它们改变了二氧化硅微粒之间以及二氧化硅与牙本质表面之间的吸引力。然后科学家再通过扫描电子显微镜来观察结果。

结果显示，大量的二氧化硅纳米粒子找对了方向，进入了小管。一进入小管，它们就会完成两件事情：

1. 堵住管洞，使细菌和冰冷的饮料无法抵达牙齿里的神经末梢。

2. 担当起“小种子”的角色，吸引天然材料，重塑牙本质层，闭合小管。

所以，试试二氧化硅塞吧！

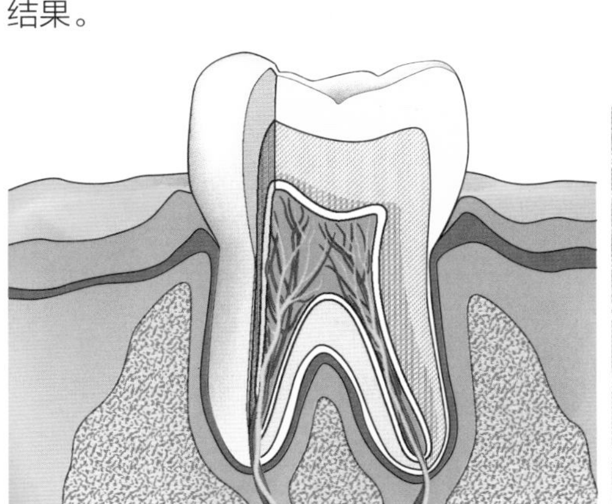

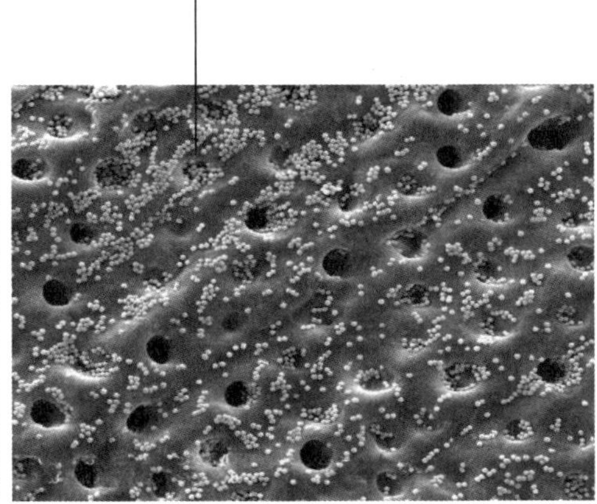


牙本质层布满了纳米级的小管，然后它们形成通道，穿越牙本质层到达牙髓腔

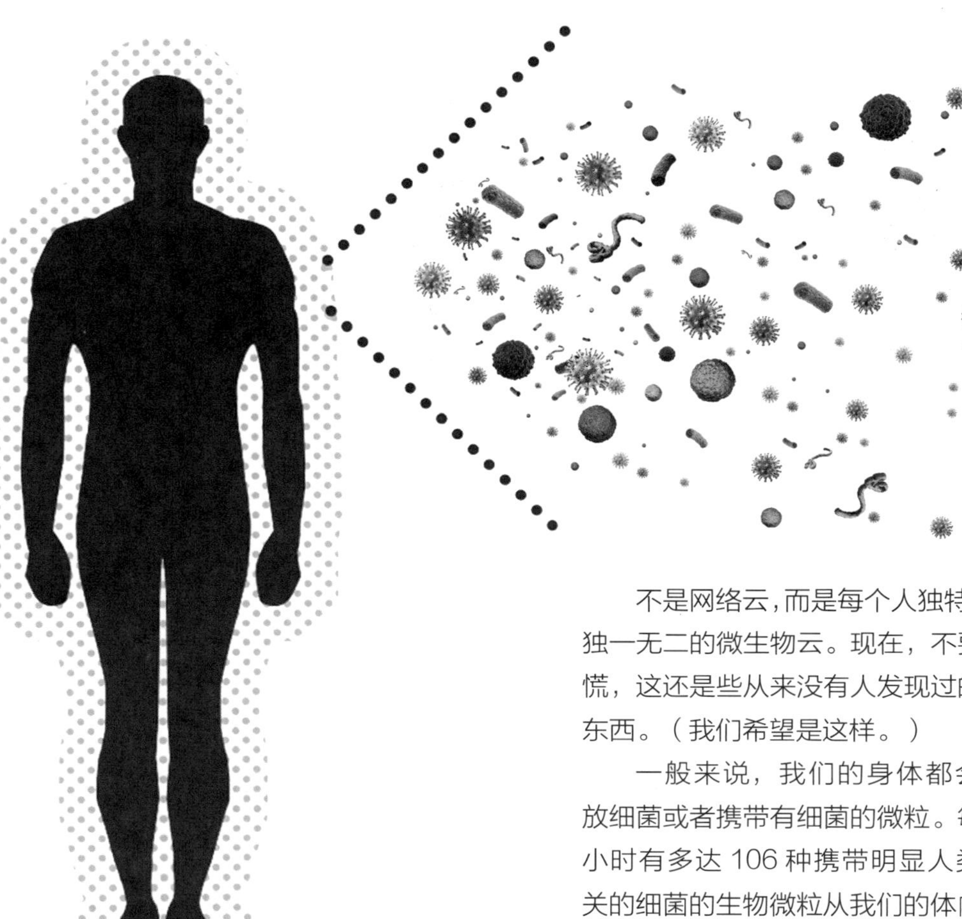

## 气场——每个人都有！

你的星座是什么？天秤，双鱼？没有更新潮一点的说法了吗？你的个人气场是一个彩虹色的光环吗？充满了快乐，还是很平静，或是不悦的？无论这些超现实“艺术”怎么论说你，科学可能已经为此找到了现实的依据。科学家在云中发现了它。

不是网络云，而是每个人独特的、独一无二的微生物云。现在，不要惊慌，这还是些从来没有人发现过的小东西。（我们希望是这样。）

一般来说，我们的身体都会释放细菌或者携带有细菌的微粒。每个小时有多达 106 种携带明显人类相关的细菌的生物微粒从我们的体内飞出。我们说话或者呼吸，它们就会飞到空气中进行传播。它们搭乘在我们的头发、皮肤和衣服上，跟着我们游走四方。这些细菌，有的如珠子串，叫作链球菌；有的是疑似导致痤疮的丙酸杆菌；还有一种通常无害，但是通过皮肤接触可以引起白喉的细菌，叫作棒状杆菌……

并非是无聊的好奇心使科学家发现了个人的微生物云。美国俄勒冈大学的研究人员对所谓的“建筑环境”进行了研究。大致说来，他们想要弄

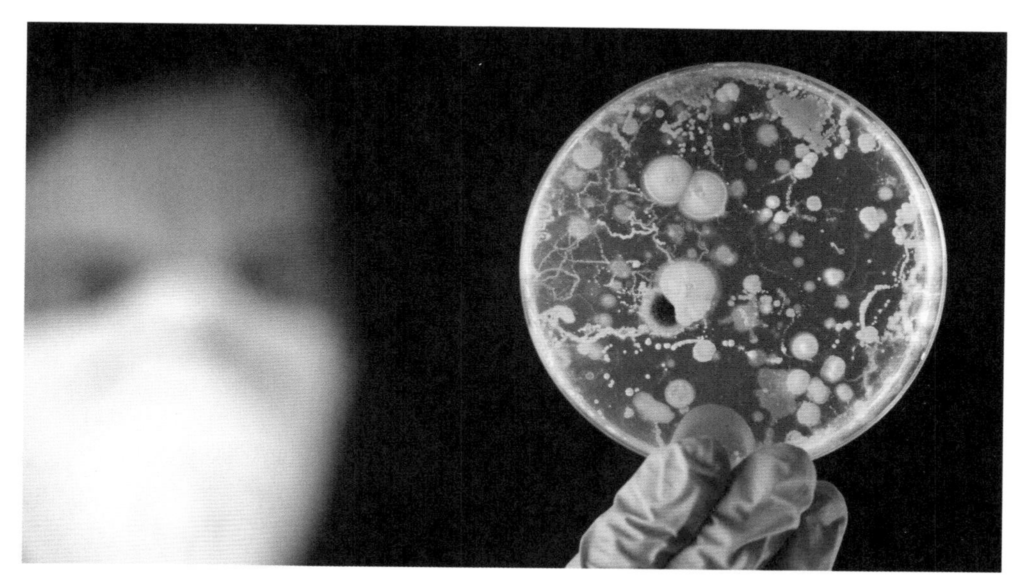

明白，建筑物是如何对人类健康带来好的或不好的影响的。他们已经获得了相当的知识。例如，人们在接触了医院或者医生的办公室里布满细菌的各种物体表面后，病菌就被传播开了。但是，现在还不知道的是，释放到空气中的细菌会对室内环境造成怎样的破坏。

为了找到这个问题的答案，研究人员设计了一个简单的实验。他们招募了一些志愿者，志愿者须愿意在一个特别的房间里安静地坐着。很无聊？那可不一定。这个房间是专门为实验定制的消过毒的人工气候室。研究人员采集并分析了志愿者周围的细菌样本——无论是飘在空中的，还是沉淀在物体表面的。同时，为了与之形成对比，研究人员还采集并分析了一个完全相同的没有志愿者的人工气候室里的细菌样本。两者的分析结果令研究人员大吃一惊。

在 1.5 小时到 4 小时之间，只需要通过观察志愿者周围空气里的细菌就可以把他们识别出来。“我们发现，只是通过对微生物云进行取样，就可以将大部分志愿者识别出来，这太让我们吃惊了。”研究人员在发布此研究结果时说，“我们的实验结果第一次证明，人体可以释放个性化的微生物云。”

研究人员相信，对这一点的了解可以帮助解释并避免病菌在学校、餐馆以及其他场合的传播。如果有朝一日个人微生物云的识别能帮助破案，那它就不是微不足道的东西了。但是，还有一个小问题是这个研究没有解决的：你喜欢那个同学，是因为你的“双子”和她的“狮子”互补，还是因为你们各自的云很契合？哦……

# 未来纳米世界

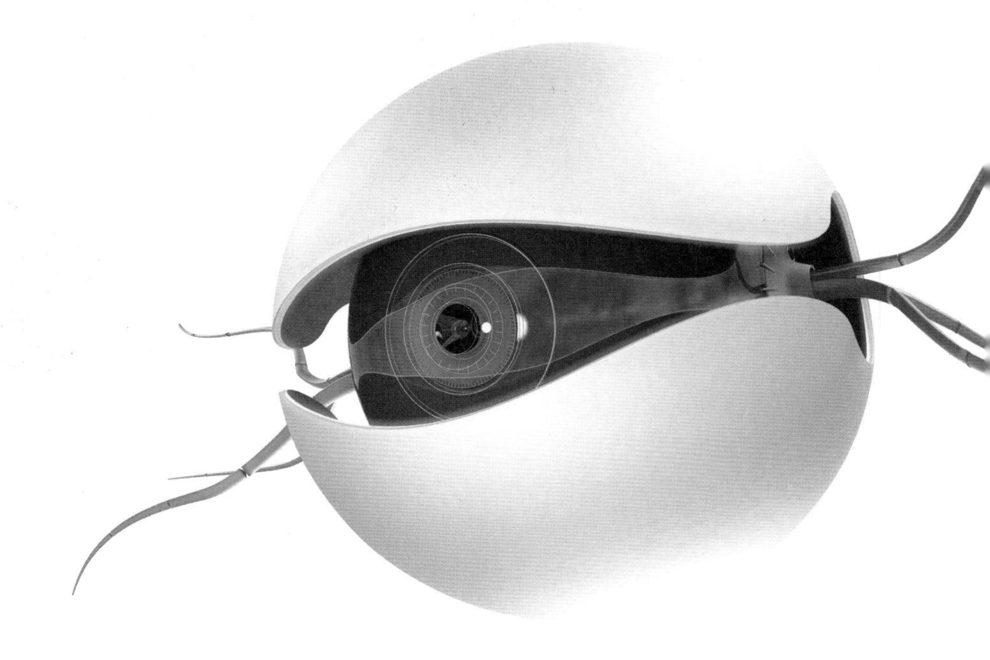

21 世纪的人们，你们好，我的名字叫 NB-12，我是来自未来的纳米机器人。我来这儿是想告诉你们，在纳米技术的帮助下，未来会发生哪些激动人心的事情。当然，这还有点遥远，不过你们肯定无法想象，我们那个世界与你们所处的世界是多么惊人地不同。

今天，我想向你们讲讲几个即将到来的新发明。现在请和我一起开始这段通往未来纳米世界的奇妙探险吧！

## 指尖上的食物

你们肯定有过这样的经历，深夜肚子饿得咕咕叫，商店和超市都关门了，买不到想吃的东西，或者忽然特别想吃甜品的时候，周围找不到任何冰激凌或者甜酒。好吧，在未来，这些麻烦都不会存在，因为我们找到了解决的办法。

你们只需要简单地按下一个按钮，就能启动原子，使原子按照指定的顺序排列，制作出想要的食物。派对上的比萨、热狗和玉米饼？没问题，食物复制器几乎可以制作出任何想要的食物，并且只要一眨眼的工夫。

现在你们一定在想，这不是在《星际迷航》和《杰森一家》里才会发生的事吗？我知道这听起来很夸张，但是这些科幻片虚构出来的故事即将成为现实。

人们从 21 世纪初就开始设想原子组成各种新物体的可能性。原子是怎样被重组并制作出人们想要的食物的呢？这就要依靠纳米技术了。

成功复制食物的技术最早起源于人类对太空的探索，因为科学家需要找到一种方法，来给宇航员提供不同种类的新鲜食物。事实上，是宇航员想在太空吃比萨这个想法，激发了科学家复制食物的灵感。早期实验复制的对象主要是小零食和糖果，显然这还不能满足宇航员在太空吃比萨的愿望。

但随着时间推移，科学家最终找到了复制新鲜、复杂食物的方法。到那时，你们就不再需要很辛苦地为全家人烹饪节日晚餐了，而只需复制食物就能够做到。当然，我们还是有食品商店的。毕竟，没有什么能够替代家庭种植、非复制的食物！

## 能复制的不仅仅是食物

没错，复制食物听上去很不错，但是如果你们想要复制其他更贵重的东西，比如一双最新款的篮球鞋或者是一台新款的笔记本电脑呢？不管你们信不信，在纳米时代，这些都能轻而易举地办到。

利用分子组装技术得到的“X”“Y”结构

# 电子黏土

当我们用橡皮泥捏制想要的东西时，感觉很惬意。倘若这个捏制过程是由电脑控制的，并且捏出来的东西栩栩如生，那就更完美了。如果这种材料不是橡皮泥，而是具有独特性质和功能的“泥”呢?

2002 年，美国卡内基·梅隆大学科学家塞斯·格尔德斯坦 (Seth Goldstein) 和多德·莫里 (Todd Mowry) 提出了“电子黏土”（Claytronics）的概念。

卡内基·梅隆大学的科学家开发了第一代电子黏土——几个微型的可用电脑操控而自动黏合的电子单元。

这是一项结合纳米技术和计算机科学的新技术，利用这项技术，可以创造出一种由人工控制可任意组装的纳米机器人——黏土原子（Claytronic Atoms）。科学家编写出各种复杂的计算机程序来指挥这些黏土原子，听命于程序的电子黏土可以移动、互相粘连，瞬间形成任何形状、颜色、大小以及具有各种特性的三维成品。

人类所有的制造工厂将会被取代，电脑程序指挥着那些我们肉眼看不到的纳米机器人工作，使我们需要的物体突然“冒”出来。大多数人将从工作中解放出来，然后尽情地享受科技带给人类的几乎免费的一切事物。比如，一些写字楼和酒店里都有电子黏土建造的房间。房间里的灯、桌子和椅子等用品，都是由黏土原子组成的。通过改变黏土原子的排列顺序，可以满足人们的不同需求。通过编程，游客甚至可以把酒店房间布置得像自己家里一样。

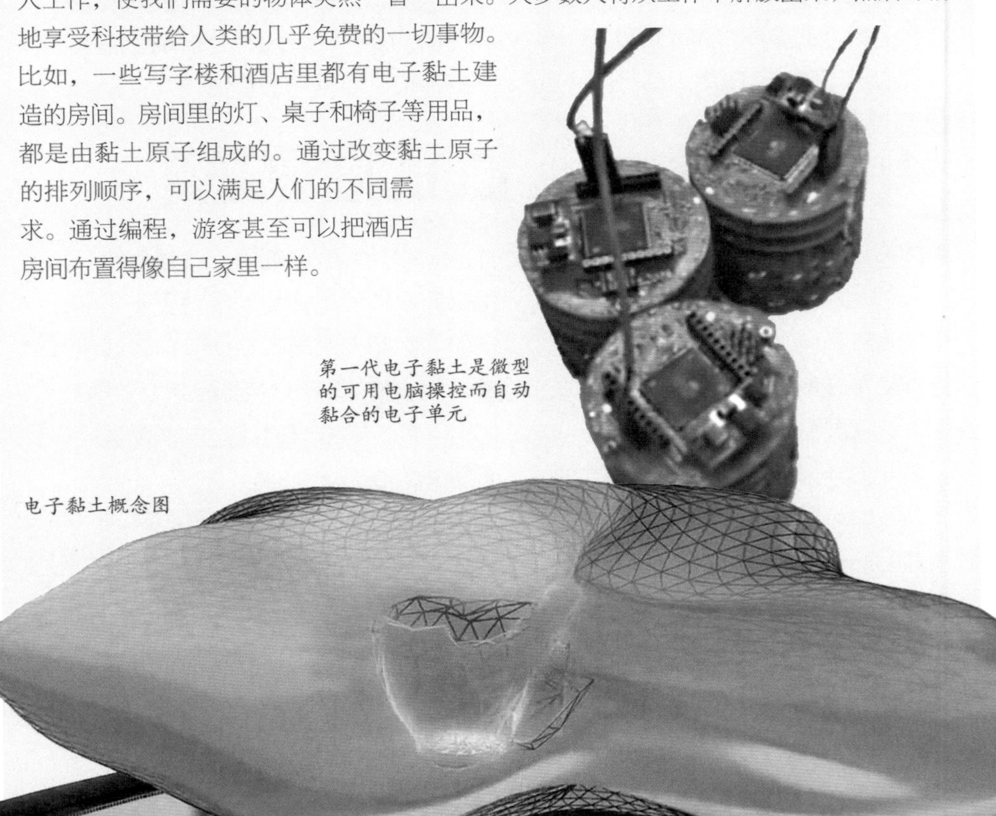

第一代电子黏土是微型的可用电脑操控而自动黏合的电子单元

电子黏土概念图

或许，你们也听说过一些类似的事情。在你们的时代，科学家正在为这些机器设计原型并申请专利，比如“分子组装”“分子制造”或“3D 打印”。早期的实验研究开始于 20 世纪初。在你们的年代，瑞典就有一所实验室创造了一种内部环境来进行分子组装。

再到未来看看，你们会发现，分子组装被应用在很多地方。科学家仍然在发展这项技术，就像我们刚才说过的那样。科学家已经可以利用分子组装器排列原子来复制出自然界中的物体了。

这些组装器使用极小的齿轮、引线、电机和外壳，制造出小型固体结构。这些结构可以被重新排列组装而变得更大，自然界中的任何物体都可以由其组成，这样就可以制作出牙刷、冬季夹克等，如果你们需要的话，做一个篮球筐也没问题。

这听起来可能有点疯狂，但是有很多这种机器都可以利用其他东西的原子来生成一个新的物体。比如空气、水，甚至是土壤中的原子都可以拿来创造一个全新的非生命体。还有一些机器使用未加工的原料、塑料颗粒和聚合物来生成物体。需要玻璃杯、电脑，或者吉他吗？分子组装器都能够轻松完成。

这些组装器还能够提高材料的强度、质量和耐用程度。比如，在我们的时代，飞机就不再是由轻质材料制成，因为由轻质材料制成的飞机很容易因撞击而损坏。通过人工将金属原子一个个紧密排列，可以得到像金刚石一样坚硬但又足够轻的飞机制造材料，不仅能保证飞行安全，还能增加飞机设计的多样性。

## 太空中的变形金刚

在你们的时代，空间机构正致力于寻找去火星旅行的方法，并且设想有一天能在那里建立定居点。好吧，我可以告诉你们，我们已经找到了在火星建立定居点的方法，在小行星、月球和其他星球上也可以！

我们实现这些的方法源于纳米技术设计的灵活性。我们有不同种类的航天器和空间探测器，它们可以通过电子黏土技术变换形状甚至是大小，如此可以保证人们在穿越小行星带时避免遭受撞击。

这些是如何实现的呢？我们一起来看看。实际上，当科学家找到快速、安全通往其他星球的方法时，像

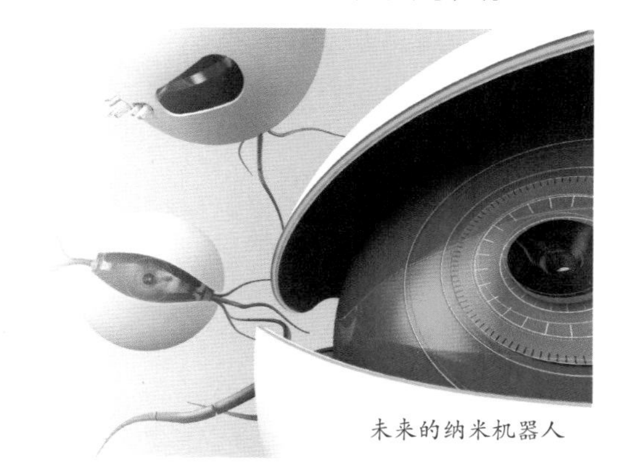

未来的纳米机器人

我一样的纳米机器人就开始太空旅行了。科学家发现，纳米机器人是太空旅行的关键。因为我们可以在空间穿梭时，改变形状、大小以及用途，并能在行星表面着陆、漫游。

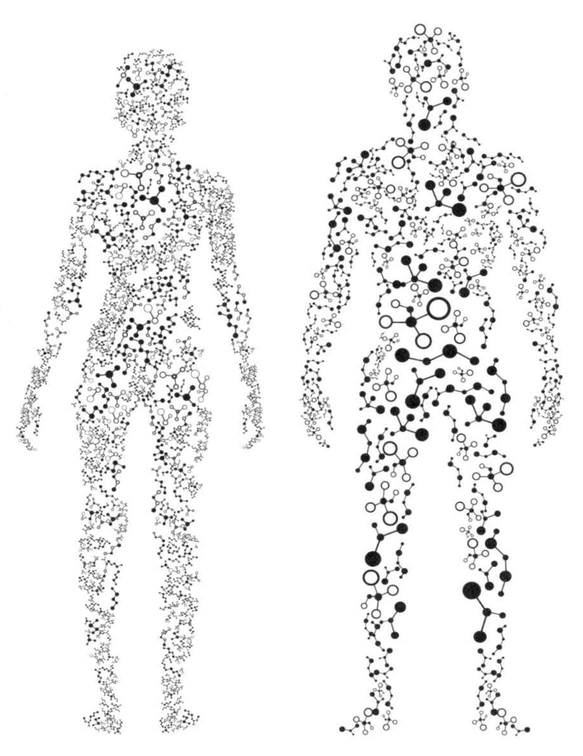

想象一下，一个空间探测器以超高的速度向火星疾驰，在接近火星大气层后，忽然从火箭变形为穿梭机，当它穿过大气层并下降后，又会变成一个巨大的降落伞着陆在岩石表面。平稳着陆后，降落伞再次变形成为一辆探测车，在火星表面搜寻适合人类居住的理想位置。对你们来说，这就像科幻电影一样吧，但这就是我们所做的事情。

不仅如此，空间机构还找到了可以把纳米机器人编成小团队的方法。在团队里，我们可以去小行星和其他行星旅行。作为一个团队，纳米机器人在飞行中有重组的能力，可以根据需要改变形状和大小。如果需要纳米机器人聚集在一起像卫星一样飞行，我们可以立即蜂拥而起，组成一颗卫星。

组装器从火星、卫星以及其他小行星上获取原子，制造人类所需的东西。建筑、基础设施和耕地正在太空被大规模地制造和开发。原本不适合生存的星球成为人类完美的栖息地。更便利的是，太空建筑车可以迅速变形为航天飞机，搭载人类往返于空间站和行星之间。

就像我说的那样，科学家正在考虑是否应该在天王星开采氦气。因为他们发现，在巨大的气体表面建立一个纳米定居点供人类生活也是可行的。

## 纳米忧患

纳米技术改变了我们的世界，然而，也出现过令人头疼的问题。如果某一个组装器无法停止自我复制，造成被复制原子的泛滥和不可控，就会形成一种我们称之为“灰蛊”的状态，将最终破坏整个环境。上周，一个分子组装器由于故障无法停止生产大豆。现在，我们的工厂里储存了大概 10 年都消耗不完的大豆。

我们还担心复制机的泛滥会让大部分的购买行为消失，因为每个人都可以制作任何他们想要的东西。纳米时代需要严格的法律法规。

货币复制机是法律禁止的，这个你们懂的。而更让一些专家担心的是，纳米技术最终将应用于人类自身。这意味着，未来的纳米技术有可能深入人体，未来人类的寿命将远远超过你们的想象。随之而来，纳米技术有可能克隆人类。光是这个想法就让很多科学家担忧纳米技术可能给人类带来的种种威胁。

不管怎样，纳米技术创造的神奇未来正等着你们。当然，可能还要很久。据我所知，21 世纪还不是纳米组装的世纪，研发纳米组装机的成本会远远高于被组装的物体的价值，所耗费的时间和精力会令人望而却步。但耐心一点，你们就会不断发现很多细微的改变。

我要回未来了，再见，朋友们！我是 NB-12。

## 冯·诺依曼“探针”

有人认为，未来的空间探测器可能会根据数学家冯·诺依曼假设的“探针理论”进行设计。这种空间探测器以冯·诺依曼命名，他阐述了纳米组装背后的数学原理。

根据科学家的假设，这种具有人类智能水平的空间探测器装有纳米组装器，可以被发射到遥远的星系。当它到达遥远星系时，可以使用来自行星、小行星和途经卫星的原材料，不断自我复制。这种探测器将继续旅行并探索遥远星系的深处，在不断复制的同时向地球返回信息。

在这个过程中，如果探测器发现适合人类生存的行星、小行星或者卫星，就会开始复制和建立定居点。这些探测器可以在星球上就地取材，建造供人类生活所需的房屋，创造适宜人类生活的环境。最终，这些探测器也许可以制造机器人，甚至是克隆人类，让克隆人在该星球定居，将人类文明传播到遥远的星球。

一些科学家提出，人类有可能是被外星生命带到地球上来的……然而，也有人指出，这种探测器还不存在，因此这种假设的可能性很小。另一个令人毛骨悚然的预测来自美国亚利桑那州立大学的保罗·戴维斯（Paul Davis），他认为，也许在月球上早已有了这种来自外星的探测器，它现在正监视着地球上人类的活动呢。

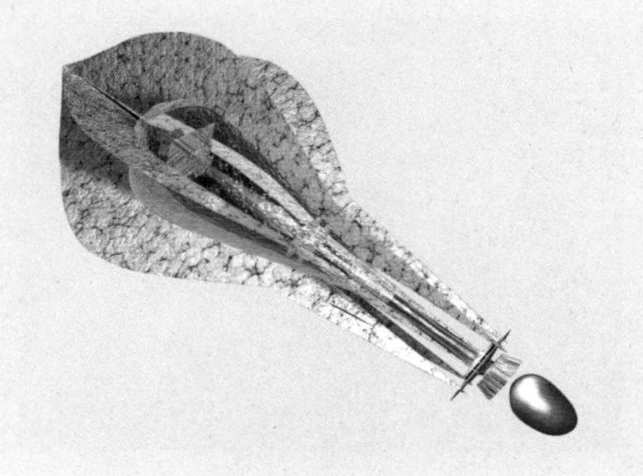

# 第III章

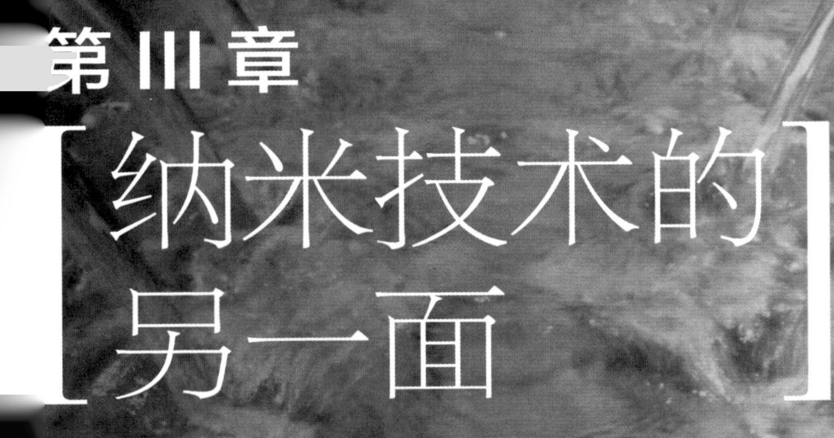

# 纳米技术的另一面

- 纳米“污染”的守望者
- 无孔也能入的纳米粒子
- 纳米银胶体发生器
- 纳米银会威胁生存吗?

# 纳米“污染”的守望者

当你被生物学的魅力吸引而继续深入学习和探究时，你会发现，斑马鱼（Zebrafish）很有研究价值。研究人员，尤其是发育生物学家和毒物学家很喜欢斑马鱼。一条只有25毫米长的斑马鱼可以吃掉包括孑孓、水藻、鱼鳞和泥浆在内的任何东西。斑马鱼原产于印度，雌鱼每2~3天就可以产下几百颗鱼卵，每3~4个月，新一代斑马鱼就会诞生。它们的繁殖如此迅速，研究人员在探索斑马鱼的基因突变信息时就不需要等待太长时间。

秀丽隐杆线虫生活在土壤中，而斑马鱼生活在水里，它们之间相差甚远，但有一点是相同的——它们都是“工程纳米粒子”入侵环境的守望者。现在，含有工程纳米粒子的消费品使用频率越来越高，这些产品是否已经污染环境，秀丽隐杆线虫和斑马鱼会告诉我们答案。秀丽隐杆线虫分布广泛，在土壤中的工程纳米粒子可能引起秀丽隐杆线虫的基因突变，显著性抑制其生长，导致其发育延迟。如果纳米材料污染了水，在水中斑马鱼的鳃、消化道及肝脏会受到损伤，也可能导致斑马鱼发生基因突变，在新一代的斑马鱼身上实现出来。因此，工程纳米粒子进入土壤和水中，这些微型守望者就会将它们揭露出来。

## 守望者斑马鱼

判定工程纳米粒子是否危害生物体是一件棘手的事情，或者应该说，是一件恶心的事情！

美国加利福尼亚大学河滨分校的研究生艾丽西亚·泰勒（Alicia Taylor）和她的指导教授设计了一个实验，旨在测试铜纳米粒子在什么条件下才可能危害水生生物。该实验涉及制作实验用人体结肠模型，斑马鱼也会参与其中。

铜纳米粒子包含在各种各样的消费品中。我们使用这些产品后就把他们遗弃了。譬如，当我们冲洗唇彩、眼线及其他含有纳米粒子的化妆品时，这些含有铜纳米粒子的产品会随着冲洗用水一起流入洗涤槽，然后进入废水处理系统，最终汇入溪流、江河甚至饮用水水库中。

金属元素被生物体尤其是发育中的生物体摄入时，可能产生多种毒性危害，导致生物体生育能力受损，也可能导致生物体畸形，含量过高还可能引发致命性中毒。然而，要弄清生物体中毒与接触纳米粒子的相关性，是十分困难的。不过，若是能找到一种控制可变因素的方法，这个难题还是有望得到解决的——这就是泰勒和她的同事正在做的事情。

加利福尼亚大学河滨分校研究团队首先给铜纳米粒子的毒性划定了一条基线。他们将斑马鱼放入水中，在水中掺入铜纳米粒子。还记得斑马鱼的繁殖速度有多快吗？至少对一些斑马鱼来说，它们从开始产卵到孵化出新一代斑马鱼的时间并不是太长！

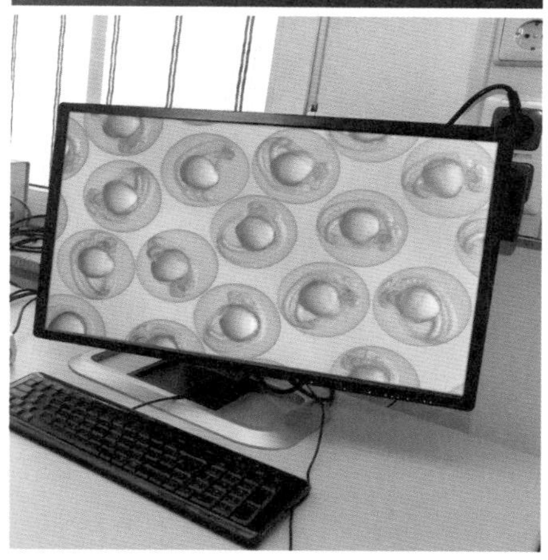

斑马鱼和斑马鱼鱼卵

研究人员清楚，在未被污染的水中鱼卵的孵化率是多少。所以，当斑马鱼开始在掺入了铜纳米粒子的水里产卵的时候，研究人员只需关注孵化成功的鱼卵即可。然后将两个数据进行对比分析，他们发现，当铜纳米粒子的浓度达到 0.5 微克 / 毫升时，斑马鱼鱼卵的孵化率就会下降 50%。

## 人造粪便

定好基线，研究人员就转入了实验的下一个部分——探讨废水处理结果对铜纳米粒子毒性的影响。这时，事情就变得有点恶心了。

泰勒及其同伴设计了一个实验用的人体结肠模型，并将它连接到一个化粪池废水处理系统的模型上。人体结肠是进入人体的食物进行消化以及废物排出的地方。而这个结肠模型由一根长约 51 厘米、直径约 5 厘米的玻璃管组成，管内安装有用于清洗肾病患者血液的薄膜，结肠模型的终端被塞住。当结肠模型和废水处理系统模型都准备妥当时，研究人员就开始给他们的“杰作”（结肠模型）喂食。

他们一次给结肠模型喂入 5 天所需的 20 种不同的共 100 毫升食物，并仿照人体消化过程，先将食物捣碎，然后灌入结肠模型。喂食分别在早上 9 点、下午 3 点和晚上 9 点进行，从不让人造结肠挨饿，为的就是尽量模

艾丽西亚·泰勒用于研究的人造结肠

艾丽西亚·泰勒用于研究的化粪池

拟常人吃食、消化和排泄的过程。结肠模型每5天开始一个新的流程，一直持续9个月。

在每个周期结束时，结肠模型中积聚的废物会被排入化粪池，这么做是为了尽可能真实地模拟从食物消化到废物排泄直至最终流入化粪池的过程。现在，是时候在实验中加入变量——铜纳米粒子了！

化粪池在处理废物的过程中会加入可再利用废水。可再利用废水是个并不十分科学的说法，指的是非人体排泄物，包括从洗衣机、洗碗机、洗涤槽以及浴缸排出来的废水。铜纳米粒子经排水系统排出后，很可能最终留在可再利用废水中，所以实验人员会在实验用的可再利用废水中加入少许铜纳米粒子。

## 废水处理系统的去“纳”功能

研究人员已经知道，水中极微量的铜纳米粒子也会极大地影响斑马鱼鱼卵的孵化率；同时，他们已经成功制好了废水，并用一般的废水处理系统进行了处理，剩下的步骤就是将斑马鱼放入已经处理过的废水中。

最终的实验结果是：斑马鱼鱼卵的孵化率并没有受到影响！研究人员已经明白，废水处理对铜纳米粒子起了作用，使得铜纳米粒子对鱼卵不再具有危害性。环境科学家会说，废水处理结果使得铜纳米粒子对发育中的斑马鱼不再具有生物药效，也就是说，铜纳米粒子不会影响斑马鱼的发育。

“实验结果是十分鼓舞人心的。”泰勒说道，“因为实验结果告诉我们，正常运作的废水处理系统可以消除纳米粒子的危害性。”

只要所有的废水在排入江河之前都能经过正确处理，结果就会变得十分美妙！

# 把纳米污染“摇”掉

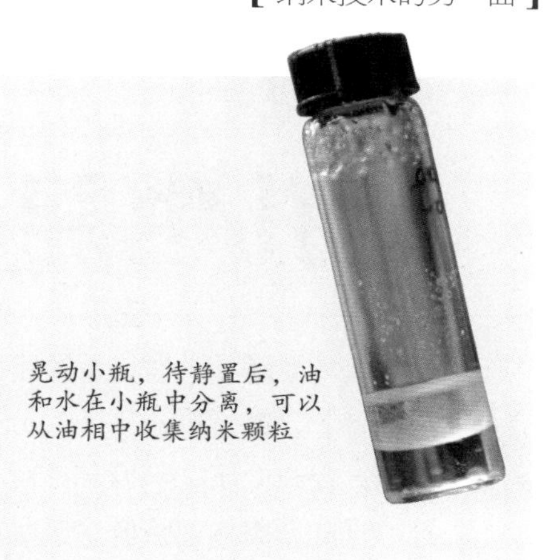
晃动小瓶，待静置后，油和水在小瓶中分离，可以从油相中收集纳米颗粒

苹果从树上落下来砸在地上，是重力的作用；水从树根处上升，给最高的树枝提供养分，是毛细现象。美国密歇根理工大学（Michigan Technological University）的科学家发现了一种运用这些物理学原理提取水中纳米粒子的方法，并在 2015 年年末针对该研究发现作了演说。本书主编联系到该研究团队的教授及领队约克·亚波（Yoke Khin Yap）博士，了解了更多的相关内容。

“我们所研究的技术方法，”亚波说道，“是为了提取废水中的纳米颗粒。这项技术基于油水的乳化作用，通过乳化作用，油以油滴微粒的形式与水融合在一起，油水之间微小的界面可形成毛细现象，将纳米颗粒提取到油相中。不过，如果颗粒太重，比如水里的泥垢或微米级颗粒，其重力大于毛管力，就会导致颗粒提取失败。”

亚波及其同事研究出来的在废水中提取纳米粒子的方法其实很简单，只需要把油和废水不停地摇晃、摇晃、再摇晃！油本不溶于水，而大力摇晃可将油分解成越来越小的油滴，直到小丛的油分子均匀地分散在水中。在此过程中，重力和毛管力之间会展开一场激烈的“拔河比赛”。每一丛油分子都为毛管力的形成提供了界面，毛管力可将数个甚至上百个纳米粒子吸附至油分子中。当油分子开始重新聚集在一起（油和水不可能真正融合，尽管看起来它们可以暂时融合成乳状），油分子会浮到水面上，最终所有的油分子都重新连接在一起，在这个过程中，纳米粒子也会浮到油相中，从而达到净化水的效果。

对于微米级的粒子或更大一点的颗粒来说，超过 100 纳米，毛管力就无法与重力作用抗衡，从而很难将这些颗粒吸附出来，也就是说，大一点的颗粒无法和油一起分离出来，而会继续留在水中。

密歇根理工大学研究团队宣布，他们已经成功地从水中分离出几乎所有的纳米粒子，这真是令人备受鼓舞的好消息！

密歇根理工大学教授张东燕的实验对象包括碳纳米管、石墨烯、氮化硼纳米管、氧化锌纳米线等。这些材料常用于制造碳纤维高尔夫球杆、防晒霜等民用产品

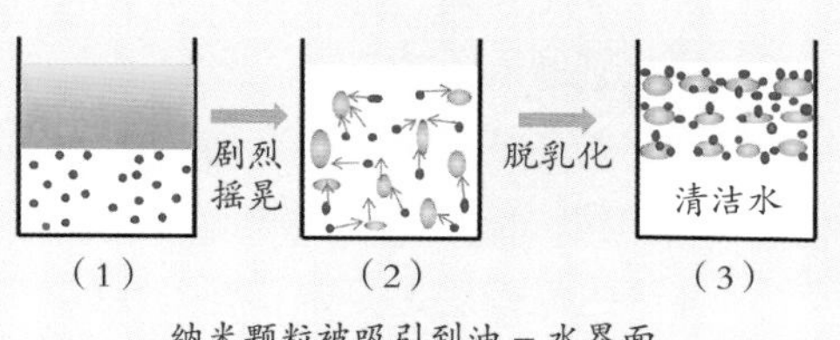

纳米颗粒被吸引到油－水界面

# 无孔也能入的纳米粒子

在《西游记》里，孙悟空的本领除了七十二变、铜头铁臂外，还有一个大招：变成虫子钻到妖精的肚子里，把妖精的五脏六腑折腾个天翻地覆。

不过，即便是这样的大招，和纳米颗粒相比也是小巫见大巫。纳米颗粒就算是“无孔也能入”！因为纳米颗粒的尺寸比细胞还要小，它可以通过细胞膜渗透进入人体，而不是像孙悟空那样要从嘴里钻进去。

## 无形之毒

人类对纳米污染的认识远早于纳米技术的出现。1941 年，美国约翰斯·霍普金斯大学的科学家发现，空气中大颗粒的杂质会被鼻腔中的黏液粘住。如果是纳米级别的微小颗粒呢？它可以通过鼻腔接触嗅神经束进入大脑。

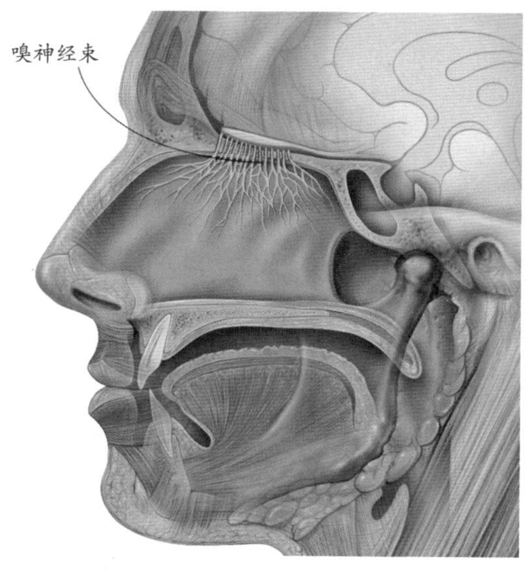

纳米级的微小颗粒可以通过鼻腔接触嗅神经束进入大脑

纳米粒子居然能找到这条“陈仓暗道”侵入大脑！但护卫大脑的小胶质细胞会把这些微小颗粒当作病菌“围剿”，在“围剿”过程中，会引发炎症，从而损害大脑。

人类的防御系统是针对能杀得死的病菌和能粘得住的大颗粒异物的，而对来自汽车尾气和工业污染的纳米级的微小颗粒无能为力，一来这些颗粒本身就是死的，二来这些颗粒过于细微以至粘不住。

存在于空气中的纳米级别微粒，很多是工业化带来的。令科学家更为担心的是，利用纳米技术制造出来的纳米材料，会对环境和人体产生危害。

纳米材料能穿过细胞膜进入细胞，如果有毒，它会在人毫无知觉的情况下侵入人体内部，危害极大。

即使纳米材料没有毒，但它进入人体后，长期积累起来，是否会对人体产生危害仍是个未知数。比如，纳米颗粒可能与蛋白质、细菌和病毒发生相互作用，产生前所未有的结果，引发一些症状奇特的新疾病。

2004 年，英国皇家学院发布了一份研究报告《纳米科学和纳米技术：机遇和不确定性》。不确定性，意味着人们对纳米材料可能产生的危害仍不清楚，这是纳米毒理学（Nanotoxicology）这门新兴学科研究的内容。

## 纳米微粒进入动物

为了测定纳米材料巴基球的毒性，以美国南方卫理公会大学（Southern Methodist University）的环境毒物学者伊娃·欧伯朵斯特（Eva Oberdorster）为首的研究人员，在装有很多大型蚤的水箱中添加了巴基球，48 小时后，他们观察到随着巴基球浓度的增加，大型蚤的死亡率呈上升趋势。研究人员通过计算得出，当巴基球含量为 0.02 微克 / 毫升时，水箱中 50% 的大型蚤会死亡。

然后，研究人员把黑鲈鱼放入巴基球浓度为 0.5 微克 / 毫升的水中，48 小时后把鱼拿出来分析它们的组织，尽管没有一条鱼死去或行为发生变化，但这些鱼的脑细胞膜却发生了变化。当研究人员查看这些鱼的肝细胞基因活性时，发现一些免疫基因被开启了。免疫基因活性的增加，表明鱼类的防御系统在与外来入侵的异物颗粒进行战斗。

纳米银胶体溶液作为当今世界上最有效的新型杀菌剂，其杀菌消毒的整个过程只需要 3~6 分钟，而效果却能达到 99.999%。我们可以在床单、衣物、布娃娃、绷带等材料上找到纳米银的踪影。

在巴基球浓度为 0.5 微克 / 毫升的水中，黑鲈鱼的脑细胞膜发生了变化

斑马鱼是一种指甲大小、身上有着斑斓花纹的热带鱼。它属于脊椎动物，体内超过80%的基因与人类相似。斑马鱼早期胚胎透明，又是在体外生长发育的，因此可以通过显微镜很好地观察胚胎各个时期的发育状况。而且，斑马鱼产卵量很大，易于饲养。所以，被广泛用于药物测试领域。

科学家将斑马鱼的卵浸入有纳米银颗粒的水中。经大量的实验和观察，发现这些纳米银颗粒能够透过卵壳进入胚胎，当纳米银颗粒超过一定浓度时，就会造成斑马鱼畸形甚至死亡。

斑马鱼接触了纳米银，没有成为“银鱼”，而是成了死鱼！这些实验揭示了纳米银对动物胚胎的危害。弄不好真是会害人的。

## 纳米微粒进入植物

人造纳米材料中最值得注意的是化工产品，如农药、化肥、燃料添加剂、化妆品。这些化工产品经纳米材料改性后，产品功能升级，使用效率得到提高。但是，无机纳米粒子以及纳米尺度的有机金属离子的络合物如果直接暴露在空气、水和土壤中，会给环境安全带来潜在风险。

大豆的根部有一种根瘤菌，这是一种微生物，与豆科植物互利共生：豆科植物通过光合作用制造的有机物，一部分供给根瘤菌；根瘤菌则通过生物固氮制造氨，供给豆科植物。

科学家发现，燃料添加剂中的氧化铈经农耕机械排放废气进入土壤，会让根瘤菌停止制造氨，从而使得大豆减产。

真是：“春如旧，豆空瘦，纳米铈害了根瘤。”

经农耕机械排放废气进入土壤的氧化铈纳米颗粒会让根瘤菌停止制造氨，从而造成大豆减产

## 纳米微粒进入人体

一个由英国科学家和美国科学家组成的研究小组发表文章指出，吸入足够数量的石棉状碳纳米管，可能会引发罕见的恶性间皮瘤。

一般而言，在工作场所无意间吸入石棉可能导致恶性间皮瘤，使包覆肺部的胸膜、包覆腹腔的腹膜或者包覆心脏的心包膜出现癌变。处在含有石棉的环境中哪怕仅仅一两个月，都有可能在 30 年至 40 年后罹患此病。

研究人员将石棉与体积不同的商用碳纳米管分别注入试验老鼠体内，结果发现，结构细长的碳纳米管会产生类似石棉的致病作用，使老鼠腹膜发炎或产生肉芽肿，这是患有间皮瘤的明显征兆。过去曾有研究显示，纳米纤维可能会影响肺部健康，此项研究首次揭示了碳纳米管还可能会伤害生物的间皮细胞。研究人员认为，这可能是因为人体无法处理结构特别细长的碳纳米管。

实验同时显示，长度较短、结构缠绕的碳纳米管并没有产生类似石棉的致病作用。

真是：“剪不断，理还乱，长碳管。”

与大多数发展中的技术一样，纳米材料是一把“双刃剑”，处理不好会带来环境、健康和安全等问题。所以，各国在研究纳米技术的同时，制定了一系列策略，来应对纳米技术可能出现的各种问题，如纳米材料对皮肤的毒害（如今若干化妆品已包含纳米颗粒）、纳米颗粒对饮用水的污染、纳米颗粒对操作者肺部组织的影响、非降解的纳米粒子在体内积聚并参与体内的生物过程，等等。

科学家对纳米污染的研究，是防患于未然，而不是因此停止纳米技术发展的脚步，正如有了刹车，我们可以放心大胆地让汽车开得更快。对纳米污染进行深入研究并采取预防措施，可以解除我们的顾虑，更快地发展纳米技术。

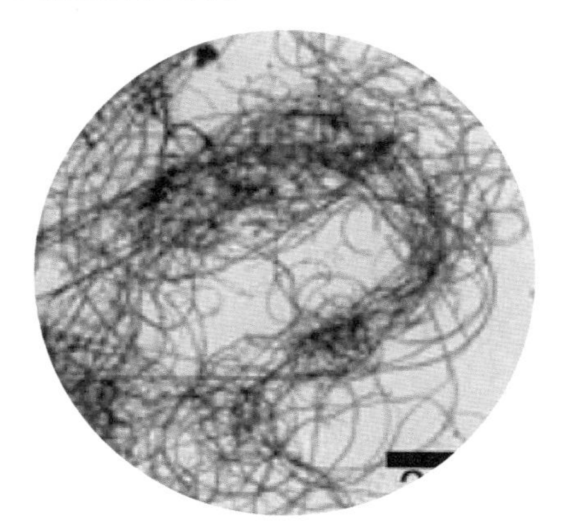

纤维状、长而薄的多壁碳纳米管

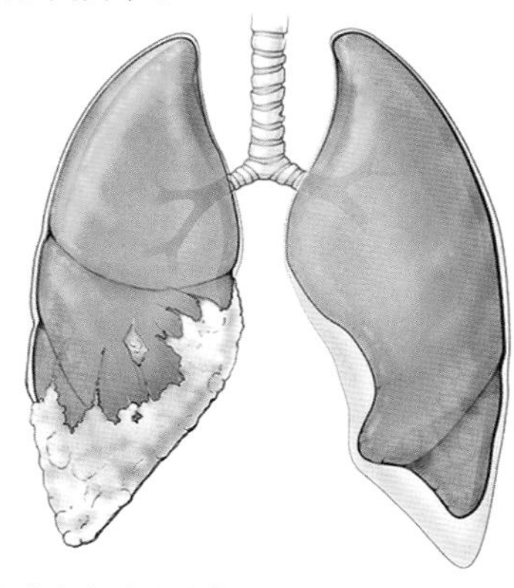

图中的左边肺叶罹患了恶性胸膜间皮瘤（一种胸膜癌变肿瘤）

# 纳米银胶体发生器

纳米银胶体是指纳米银微粒悬浮于纯水中形成的胶体，纳米银胶体溶液具有优秀的广谱抗菌作用，因而常被用于消毒杀菌，甚至有些人尝试服用纳米银胶体溶液。在本次科学实践中，我们来学习一下纳米银胶体的制作方法。

事实上，由于银并不溶于水，要想把银制成纳米微粒（纳米银）并均匀分散在纯水中形成胶体，可不是一件容易的事儿。科学家用好几种方法制取纳米银胶体，其中最简便的方法是电化学法，让纳米银微粒带上正电，同种电荷之间的相互排斥使得纳米银悬浮在水中不会沉淀。

**需要准备的材料：**

**★纯净水**

**★ 2 根长约 15 厘米的纯银条**

**★ 3 节 9 伏电池**

**★ 2 根导线（带弹簧夹）**

**★ 1 个玻璃杯（不能用金属杯）**

**★ 1 个塑料瓶**

注意：有些纳米银胶体溶液是可以直接饮用的，要选择纯度在 99.99% 以上的银条来制取，以避免引入其他杂质。而用于科学实验，我们选择的银条纯度不用这么高。

## 电化学反应原理

电流通过电解质溶液（这里为纯净水）而在阴、阳两级（两根银条）发生了氧化还原反应，这个过程叫作电解。在电解过程中，原子状态的银被氧化成了银离子。

## 制作步骤

1. 按照图示把 3 节 9 伏电池串联起来，并夹紧固定（可以用胶带缠牢），组成一个电池组。

2. 将 2 根导线一端的弹簧夹分别连接电池组的正负两极。

3. 将 2 根导线另一端的弹簧夹分别连接到银条上，把弹簧夹卡在玻璃杯上沿，使2根银条悬在玻璃杯里。

4. 向玻璃杯内倒入适量纯净水，在2根银条之间形成通路，电解开始。

注意：当装置制作完成后，不要让两根银条相互接触，也不要让它们接触任何金属，否则会造成短路，产生电火花。

由于水中的离子（$H^+$ 和 $OH^-$）浓度非常低，因此开始时反应非常慢，几乎观察不到任何现象。（你可以用电流计测定水中的电流强度，这时的电流非常小。）随着反应时间的增加，越来越多的银离子进入水中，水的导电性开始增强，电阻逐渐减小，反应加快。你会看到负极附近产生了一些气泡，正极附近则产生了一些雾状物。这些雾状物就是释放进入水中的银离子，这些银离子的直径不足0.1 微米。（这时你会观察到电流计的读数显著增大！）

仔细观察，你会发现，作为正极的银条逐渐失去光泽，甚至变成黑色。2 个小时后，对调电池的正负极，改变两根银条的极性，让装置继续工作。

步骤 1

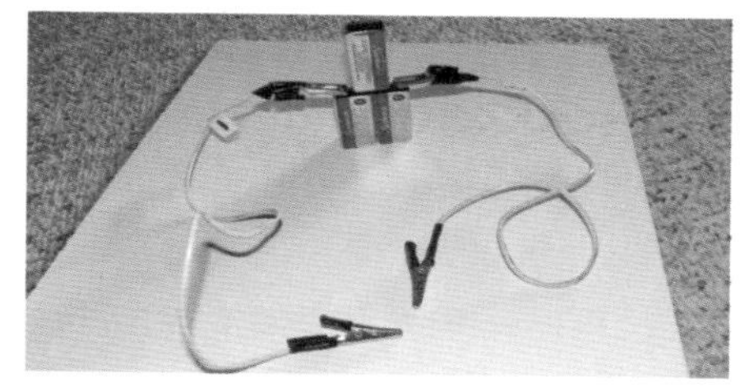

步骤 2

步骤 3 和步骤 4

白色雾状物——银离子

20 纳米

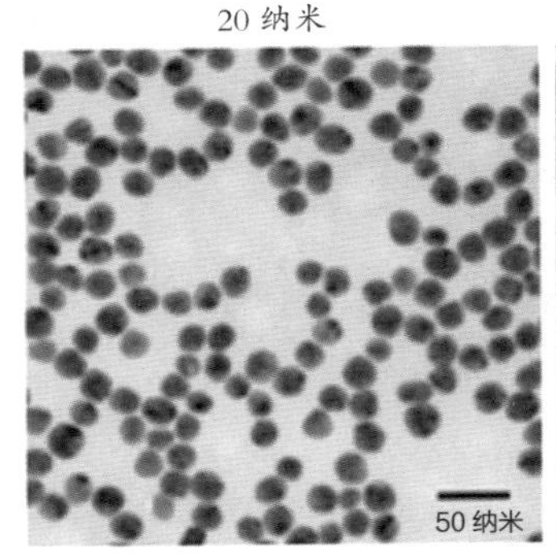


60 纳米

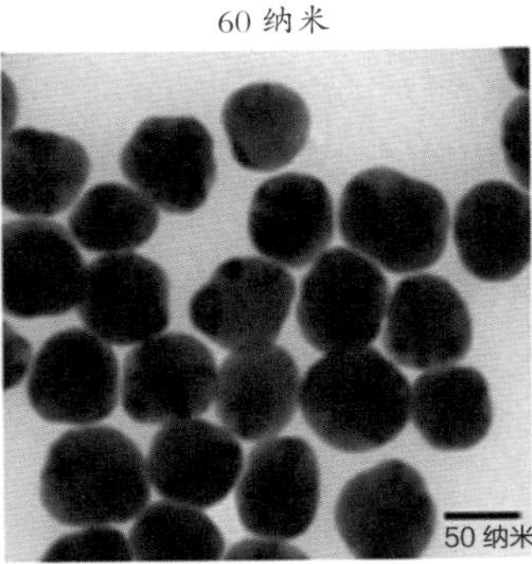


100 纳米

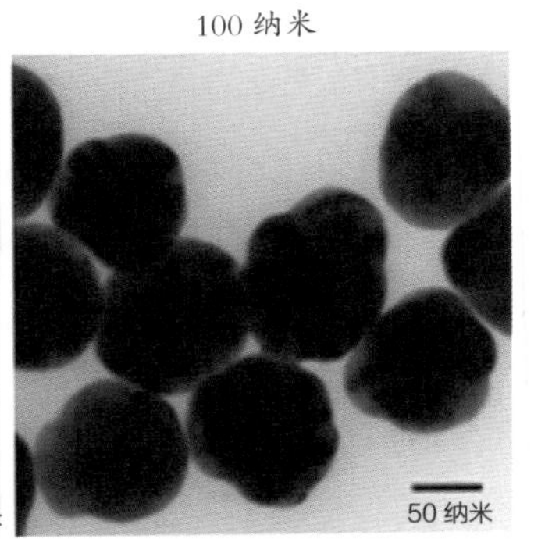


透射电子显微镜下的纳米银粒子

这时，另一根保持原貌的银条也开始生成银离子，并且随着时间的增加慢慢变黑。

几个小时后，你会看到电极下方有掉落的黑色粉末，水的颜色开始由浅黄色逐渐加深。断开电源，过滤掉黑色的粉末，剩下的澄清的黄色液体就是纳米银胶体溶液。你可以把它转移到塑料瓶中保存起来。

## 为什么纳米银胶体溶液呈黄色?

纳米溶液的颜色会随着纳米颗粒大小的变化而变化。当粒径达到微米级时，由于颗粒对所有波长的光都有吸收，因此溶液看起来是黑色的。当粒径达到纳米级时，颗粒无法吸收全部波长的光。颗粒越小，吸收的光的波长越短，溶液就会偏红色。当颗粒粒径接近 100 纳米时，颗粒呈现出蓝色或紫色。实验所制纳米银的粒径为 1~100 纳米，所以溶液呈黄色。

## 怎样加快反应速度?

你可以想办法增加水中的离子浓度，从而增加水的导电性，比如选用离子含量高的自来水。也可以使用纯净水，在实验开始时向水中滴入 2 滴生理盐水。（如果想制备可饮用的纳米银胶体溶液，一定要用纯净水。）生理盐水中含有丰富的离子，可以增加水的导电性，但要注意严格控制滴入量，避免离子浓度太高而引起短路!

安全起见，你也可以在电路中连入开关，甚至限流器。发挥你的想象力，制作一个完美的纳米银胶体发生器吧!

注意：反应结束后，拆下变黑的银条，用百洁布擦掉表面的黑色氧化层。银条恢复表面光泽后，可以再次组装成纳米银胶体发生器，制备新的纳米银胶体。

# 纳米银胶体溶液可以喝吗?

作为一种杀菌剂，银的使用有着悠久的历史，西方医学奠基人希波克拉底曾在著作中论述过银的杀菌作用。微量的银离子具有广谱抗菌作用，能让细菌的蛋白酶变性失活。早在20世纪40年代，银离子就已经被医生当成一种主流抗菌药物使用，这在当时的人们看来简直是一种“高科技”。

后来，银离子开始被普遍使用。在欧洲，许多人都记得他们小的时候，祖父把一枚银币丢进牛奶中，使牛奶得以在室温下保鲜。在现代医学中，滴眼液中加入硝酸银可以防治新生儿眼炎；硝酸银也可以制成软膏，用于治疗创面感染。此外，银对许多疾病都有疗效，如伤风、感冒、喉痛、牙痛、咳嗽、肺炎、肝炎……不但见效迅速，而且没有副作用。这些应用都证明了银有着一定的杀菌作用。不过，借着纳米技术风靡的纳米银胶体溶液，是否真的如广告宣传的那般无所不能呢?

纳米银胶体溶液是通过银离子发挥杀菌作用的。因为纳米银胶体有很大的比表面积，所以只需要很小的用量，就能长期维持抗菌作用。在大部分情况下，纳米银胶体对人体无害，但是这并不意味着在任何情况或者任何剂量下纳米银胶体都是安全的。

首先，在蛋白质变性方面，银对人体蛋白质和细菌蛋白质一视同仁。其次，人体内有丰富的氯离子，可以随时跟银离子反应生成白色的氯化银固体。一旦银离子与氯离子结合，就很难再被清除，只能在人体中累积。因此，通过服用纳米银胶体溶液来达到体内有效的银离子浓度几乎是不可能的。第三，有些人对纳米银胶体过敏，他们在佩戴银饰时皮肤会红肿。另外，高浓度的银离子具有腐蚀性，可能会灼伤皮肤，而且长期服用纳米银胶体溶液会导致体内银的累积，出现银质沉着症。

银质沉着是一个非常缓慢的过程，你可能感觉不到身体的变化。可是，随着银离子的累积，症状会变得越来越明显。当皮肤暴露在紫外线中时，银离子会变成氧化银或者硫化银，并聚集成固体颗粒沉着下来。这些小颗粒一旦形成，几乎没有办法挽回。唯一减缓病发的办法就是避光，或者选用一些特殊的疗法，比如激光磨皮，而这些疗法对患者来说相当折磨。

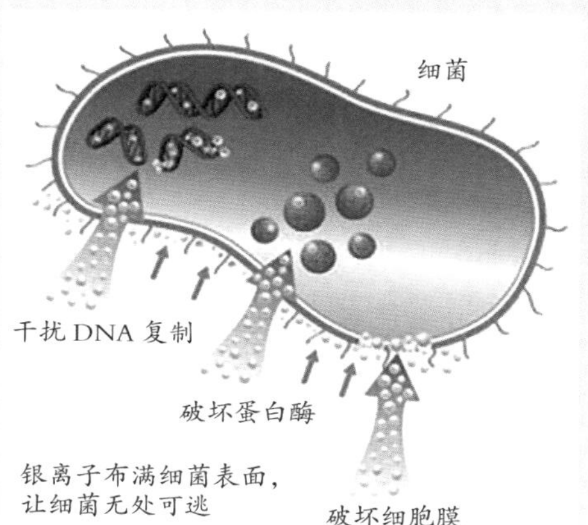


原本这种病症只出现在那些长期接触银粉的矿工身上，但是随着纳米银胶体热以及服用纳米银胶体溶液的人越来越多，这种病症的发病率正呈上升趋势。尽管目前没有发现银质沉着症对人体的直接危害，也没有人因此送命。但是，如果银颗粒在皮肤内越积越多，人的肤色就会越来越深，最后呈现出青蓝色。重要的是，一旦你变成了“蓝精灵”，就再也无法恢复正常的肤色了!

# 纳米银会威胁生存吗？

运动服、化妆品甚至食品外包装里都可能含有纳米银。这是因为纳米银只有 1~100 纳米大小，比细菌小得多，它可以附着在细菌的细胞膜上，改变细胞膜的特性，也可以直接进入细菌细胞内部，破坏大分子，杀灭细菌，可以用来进行日常消毒除菌。但是，当这些含有纳米银的“污水”进入池塘时，会不会威胁水中生物的生存呢？下面这个实验将为你解答这个问题。

**实验目的**

研究不同浓度的纳米银对大型蚤（一种水生生物）生存的影响。

## 实验材料和准备

**材料**

1 瓶大型蚤培养物；2 罐池塘水；1 瓶漂白剂；1 瓶 500 ppm（浓度为 500 微克 / 毫升）的纳米银胶体溶液；1 个 10 倍放大镜；1 个量筒（100 毫升）；1 个培养皿（或透明的薄塑料容器）；1 根移液管（1 毫升）；15 个一次性塑料杯；1 支记号笔；1 把剪刀。

你可以在网上购买以上材料。

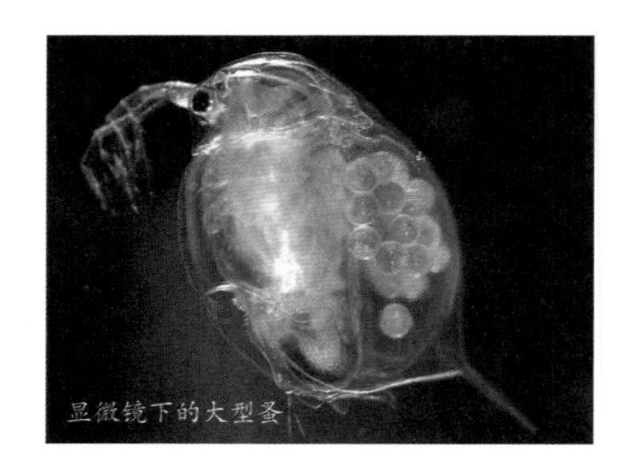
显微镜下的大型蚤

注意：实验需在环境温度为 18~22℃的条件下进行，并且避免阳光直射培养物。

**准备**

1. 收到大型蚤培养物后，立即拧松瓶盖使氧气进入瓶内。放置 12~24 小时，使大型蚤在实验前恢复正常状态。

2. 准备实验用塑料杯：每一浓度的纳米银溶液分别准备 3 个塑料杯。用记号笔在杯子上做好标记（0、5、10、25 微克 / 升，1 微克 =0.000001 克），共 12 杯。

## 实验步骤

1. 根据你需要测试的纳米银浓度，按照逐级稀释的方法稀释纳米银溶液。

**逐级稀释法**

a. 制备储备溶液

用量筒量取 499 毫升池塘水，用移液管移取 1 毫升纳米银原溶液，共同置于一次性塑料杯中，混合均匀，配制成 1000 微克 / 升的纳米银储备溶液。

注意：在每次使用量筒前用待量取溶液进行润洗，并在塑料杯上做好标记。

b. 按适当比例制备待测溶液

计算稀释比例，并按该比例稀释储备溶液、制备待测溶液，每个浓度制备 3 组平行溶液，0 微克 / 升溶液为池塘水。

从左到右依次为 0、5、10、25 微克 / 升的纳米银待测溶液

2. 用移液管分别吸取 10 只大型蚤至每个实验杯中。（尽量选活动的大型蚤，以保证实验用的大型蚤都是活的。）

注意：如果移液管口不够大，就用剪刀减掉一段移液管头，使开口变大，以避免伤害大型蚤。大型蚤的转移须在 1 小时内完成。

3. 转移完成后，开始计时。设计表格，分别在 2、4、6 小时后，统计每个实验杯内大型蚤的存活数，记录结果。

注意：活的大型蚤应该在杯子里快速游动。如果大型蚤不动，就用放大镜观察它的心脏是否还在跳动。如果你仍然不确定，就把大型蚤转移到培养皿中，再次观察它的活动和心脏跳动情况。

4. 实验结束后，为避免影响环境，向每个实验杯中倒入高浓度的漂白水，杀死大型蚤后再倒入下水道。确定不影响大型蚤生存的纳米银临界浓度，把剩余溶液稀释到这个浓度以下后倒入下水道。

## 结果分析

将相同浓度组间死亡的大型蚤数统计后取平均值，比较不同浓度组间死亡的大型蚤数量，并比较死亡数随时间的变化趋势。

以纳米银浓度为 $x$ 轴、死亡数百分比为 $y$ 轴，绘制剂量反应曲线，确定实验中纳米银溶液的 $LC_{50}$（半致死浓度）。

## 为什么选用大型蚤?

大型蚤是一种淡水生物，被广泛用来测试生态毒性，因为你很容易判断它们是否活着——它们身体透明，你甚至能在放大镜下观察它们心脏的跳动！

特别篇：
英雄男孩
Hero Boy
2053.4.19

月球属地
我们先乘坐超级飞船，从美国檀香山的太空港出发，然后换乘太空升降舱……

咔嚓！
事情的经过其实就像刚刚说的那些……
这次旅行真的很棒！

月球新闻网主持人
真是太棒了！
能再说点其他的感受吗？

啊……对了！

超级飞船简直棒极了，比坐过山车还要刺激！
平流层
对流层
我们先上升到距地球表面32千米的平流层，然后落到密度较大的对流层顶部，接着又被弹回到平流层。

但我妈妈可不这么想。

那更像坐火箭旅行！

当我们的飞船完成最后一次跳跃下降时，我看到中转站被深蓝色的海水包围在海洋的中间。
不过……
有点不对劲。

我没看到升降舱的升降带。

因为这根带子是用碳纳米管编织而成的薄片，只有5厘米宽，比纸还薄。它不像传统的升降带那样拉动升降舱，而是像一条垂直的轨道，让升降舱可以沿着它垂直行驶到空中。升降带尽管很薄，却比钢铁还坚韧。
升降带上端用一个小行星锚定在太空中。用来固定的小行星是15年前由一个被大家称为“太空牛仔”的勇敢的家伙捕获的。该小行星上有月球航天飞机的发射台，登月者从这里乘坐航天飞机飞往月球。
高度超过37000千米
“太空牛仔”
啊……
当飞船降落后，我在降落后的跑道上行走时，眯起眼睛才能勉强看见耸入云霄的升降带。我站着的地方离它只有五六十米远，从那里看，它就像一根头发丝一样。
杰克！快过来！

哇哦！
妈妈！
快看啊！！
哦！老天爷，你能安静点吗？
尊敬的旅客朋友，由于未知故障，太空升降舱将暂时停止运行，请旅客们不要惊慌和随意走动。谢谢！
热电离层
升降舱控制台
有渔船发来求救信号，请求靠近站台！
报告长官！
不许靠近。
HELP！
请出示你们的证件！
不许动！
嘿嘿……
放下你的武器，否则打爆你的脑袋！
……
告诉控制台，让他们规矩点。
都老实点！
可恶！
我们在太空升降舱中安装了炸弹，除非你们愿意交出赎金……
否则，我们将炸毁升降带……

太空发展总部
除非太空升降舱的每一个成员国都同意赎金要求，否则他们就要破坏升降带……

你们怎么看……
代表们……

杰克·法拉第用自己的N-PC机监听到了他们的对话。
否则就要炸毁升降带！！！
你怎么了？不舒服吗？
没……没什么……
如果他们切断升降带，升降舱和里面的每一个人就会被小行星的离心力拉向外太空……
我们将会像脱了绳的溜溜球一样被抛入太空。

N-PC机
(即微型个人通信器)
好在N-PC机
电池电量充足……

歹徒们使用了一种简单且未加密的方式来设计引爆装置的程序，因为他们打算用一种早期的遥控器来引爆炸弹。这样就好办多了……

用我的N-PC机来重置引爆装置的控制器。

咔！
还好不是很难……
顺利完成！

你怎么满头大汗？
发烧了？
下一步就是重启升降舱，需要用微波束向升降舱传输能量。
我得给爸爸打个电话。

小姐，能给我杯水吗？
还好爸爸是能源工程师。

你爸爸现在正在月球属地工作呢……
那可太好了！

爸爸？！
杰克？
有什么事吗？

什么？好！我马上去能源部！

得马上恢复能源供给！
啊？怎么回事？！
对不起！
得快点！赶在匪徒发现之前！
能源部
暂时连接月球属地的能源……
……
希望这样可以……
快点……
快点……
就是这个！
能源恢复60%
是 否
安全了……
能源恢复100%
重新设置密码
升降舱又开始动了……
这要多谢爸爸呀……
什么？
因为我和爸爸一起做了件大事！
哈哈哈哈！那两个“英雄”刚刚说什么了？
暂时保密！
好美啊……

下面我们继续关注升降舱的情况。
歹徒得知已经失去了筹码，便立刻放弃了控制台，乘坐太阳能帆船逃走了。

当局目前还未逮捕到这些歹徒。他们携带有武器，相当危险。如有人知道他们的行踪，请立即与相关部门联系。

咔！
最后，我们再一次感谢英雄男孩杰克和杰克的家人！
被称为“英雄”的感觉真好。
咔！
咔！

既然大家都已经安全了，我只希望把从月球上采集到的标本加入到我的收藏里。它们真的很神奇，就算只得到其中的一块，这趟旅行也就没白来。
但生产N-PC机的公司却认为杰克的成功应归功于他使用的该公司的纳米超高速通信器。
《完》